谨以此书献给

勇攀

地球之巅
科学之巅
精神之巅

的人们！

中国科学院青藏高原综合科学考察研究队：

值此第二次青藏高原综合科学考察研究启动之际，我向参加科学考察的全体科研人员、青年学生和保障人员，表示热烈的祝贺和诚挚的问候！青藏高原是世界屋脊、亚洲水塔，是地球第三极，是我国重要的生态安全屏障、战略资源储备基地，是中华民族特色文化的重要保护地。开展这次科学考察研究，揭示青藏高原环境变化机理，优化生态安全屏障体系，对推动青藏高原可持续发展、推进国家生态文明建设、促进全球生态环境保护将产生十分重要的影响。希望你们发扬老一辈科学家艰苦奋斗、团结奋进、勇攀高峰的精神，聚焦水、生态、人类活动，着力解决青藏高原资源环境承载力、灾害风险、绿色发展途径等方面的问题，为守护好世界上最后一方净土、建设美丽的青藏高原作出新贡献，让青藏高原各族群众生活更加幸福安康。

习近平

2017 年 8 月 19 日

（新华社拉萨 2017 年 8 月 19 日电 《习近平致中国科学院青藏高原综合科学考察研究队的贺信》）

2020 年 12 月 8 日，
中国国家主席习近平
同尼泊尔总统班达里互致信函，
共同宣布珠穆朗玛峰的最新高程为：

8848.86 米

（新华社北京 2020 年
12 月 8 日电《习近平
同尼泊尔总统班达里互
致信函 共同宣布珠穆朗
玛峰高程》）

走近
地球之巅

《走近地球之巅》编委会 编著

中国地图出版社·北京

图书在版编目（CIP）数据

走近地球之巅 /《走近地球之巅》编委会编著 . --
北京：中国地图出版社，2021.8
ISBN 978-7-5204-2230-7

Ⅰ.①走… Ⅱ.①走… Ⅲ.①珠穆朗玛峰 - 地形测量
- 普及读物 Ⅳ.① P217-49

中国版本图书馆 CIP 数据核字 (2021) 第 049199 号

走近地球之巅

出版发行	中国地图出版社
社　　址	北京市白纸坊西街 3 号
邮政编码	100054
电　　话	010-83543926
网　　址	www.sinomaps.com
印　　刷	北京雅昌艺术印刷有限公司
经　　销	新华书店
成品规格	240mm × 280mm
印　　张	19
字　　数	50 千字
版　　次	2021 年 8 月第 1 版
印　　次	2021 年 8 月北京第 1 次印刷
定　　价	198.00 元
书　　号	ISBN 978-7-5204-2230-7
审 图 号	GS（2021）2057 号

如有印装质量问题，请与我社发行部联系

千图网

序 一

陈俊勇院士

拿到眼前这本书，感慨万千！

珠穆朗玛峰，坐落于世界屋脊之上，矗立于地球之巅，是人类魂牵梦萦的神圣坐标。无数的攀登者为登上世界最高峰前赴后继，无数的科学工作者为揭开珠峰奥秘不懈探索。测量珠峰高程已成为人类了解和认识地球的重要标志之一。

很荣幸作为亲历者见证了中华人民共和国成立后的三次大规模珠峰高程测量。46 年前的珠峰测量，为期数月的珠峰高程计算工作由我主持；16 年前的珠峰测量，我担任珠峰测量项目总技术顾问；2020 年的第三次珠峰测量，我有幸作为专家组成员参与技术方案论证和成果验收。这些都是令我毕生难忘、为之自豪的经历。

每一次为珠峰量"身高"，都代表着中国人对自然科学的不懈探索；每一次珠峰测量数值的精进，都体现着我国测绘科技水平的不断提升。1717 年，清朝政府派测量人员跋山涉水，历尽艰险，对珠峰位置和高度进行初步的测量，并在《皇舆全览图》上明确标上了珠穆朗玛峰的位置和名称；1966—1968 年，我国在珠穆朗玛峰地区建立了高水平、高质量的测量控制网，开展了天文、重力、三角、水准、物理测距、折光试验等测量工作，在没有登顶的情况下，对珠峰高程进行了测定；1975 年，测绘工作者综合利用三角测量、导线测量、水准测量和三角高程测量等方法全面开展的珠峰测量工作，在扣除峰顶积雪深度后，得出珠穆朗玛峰的海拔高程为 8848.13 米；2005 年，在传统测量技术的基础上，珠峰测量首次采用了卫星大地测量技术和雪深雷达测量技术，首次获得了珠峰岩石面海拔高程：8844.43 米；2020 年珠峰高程测量，我国自主测绘仪器装备担当主力，彰显中国实力，测绘工作者首次在珠峰地区开展航空重力测量，并首次将重力测量推进到峰顶，显著提升了珠峰高程测量精度，获得了人类历史上精度最高的珠峰高程测量结果。2020 年 12 月 8 日，中国国家主席习近平同尼泊尔总统班达里互致信函，共同宣布珠穆朗玛峰的最新高程为 8848.86 米。

珠峰高程测量是一项复杂的系统工程，涉及地理、测绘、地质、光学、气象等多学科交叉，需要艰苦、周密的外业实测和复杂、精确的内业计算，其成果对于地球动力学、板块运动、全球气候变化、自然资源调查监测等领域的研究具有无可比拟的作用。人类攀登高峰的步伐不会停歇，每一次珠峰复测，都展现了中国科学家群体永无止境追求科学真理的精神，都刻画出了英雄的测绘队员热爱祖国、忠诚事业、艰苦奋斗、无私奉献的群体雕像，他们将"中国梦"印在冰川之上、高山之巅，他们用实际行动激励后人在探索自然奥秘的过程中勇攀高峰。

本书以图片、地图、信息化图表、手绘插图为主，内容丰富、有趣，视角、方法独特，旨在广泛普及科学知识、传播科学思想、弘扬科学精神，动员全社会积极投身创新驱动发展战略的生动实践。尤其难能可贵的是，编者用通俗的语言把颇为专业的理论娓娓道来，将一个个小故事巧妙串联起来，阅读起来毫不费力，学习起来一点也不枯燥，可谓一本关于地球之巅的百科全书。我把本书推荐给大家，特别是广大青少年，相信这本书能给你们带来思考和收获。

中国科学院院士

陈俊勇

2021 年 8 月

序 二

姚檀栋院士

人类对青藏高原和珠穆朗玛峰的攀登和探索从未停止。对"珠峰有多高"这个看似简单的问题，答案也总是暂时的。一方面，地壳板块不停运动，导致这一高度始终处在变化之中。另一方面，科学研究不断进步，我们不断逼近对客观规律的认识。人类对青藏高原和珠穆朗玛峰的每一次科学探索，总能牵动无数人的好奇与兴趣，也是科学研究向公众科学普及的一次极好机会。

我非常欣喜地看到《走近地球之巅》这本科普精品图书的出版。这本书用翔实的资料、精美的图片和深入浅出的解读全景展示了珠峰的壮美与神奇，系统梳理了珠峰的科考、登山和测绘历史，生动讲述了研究珠峰变化的科考行动，擘画描绘了珠峰保护的宏伟蓝图。

这本书编委阵容强大，包括众多科学家和科学传播专家，强强联合打造了这一精品力作。科学家是科学知识、科学方法、科学思想和科学精神的发现者、生产者、创建者，确保了本书的科学性。科学传播专家的科学艺术加工，将科学研究的最前沿成果，以科学和艺术融合的方式呈现在图书中。希望广大读者能在这本书里读懂大美无言的地球之巅。

在我看来，这本书的价值还在于攀登科学高峰和探索未知世界的精神。在刘东生、施雅风、孙鸿烈等老一辈科学家带领下，我国青藏高原研究取得卓越成就。我们正在实施的第二次青藏科考，不断取得标志性重大成果。当科考队员们走向珠峰的时候，他们都在努力达到各自领域前所未有的高度。这种攀登和探索的精神，相信也能成为广大读者一种精神追求。

从更大的意义上讲，青藏高原和珠峰也是中华民族志存高远和追求卓越的精神凝聚。习近平总书记指出："绿水青山就是金山银山，冰天雪地也是金山银山""切实保护好地球第三极生态""把青藏高原打造成为全国乃至国际生态文明高地"。本书所反映的生态保护和国家公园建设等理念与举措，也反映了生态发展的科学理念。

期望本书作为了解青藏高原和珠峰的窗口，作为连接科学和社会的纽带，为保护地球第三极作出贡献。

中国科学院院士

第二次青藏高原综合科学考察研究队队长

中国青藏高原研究会理事长

2021 年 8 月

目　录

认识珠峰

走近
地球
之巅

C 第一高峰在哪里
地球之巅的形成

走近

地球

之巅

第一高峰在哪里

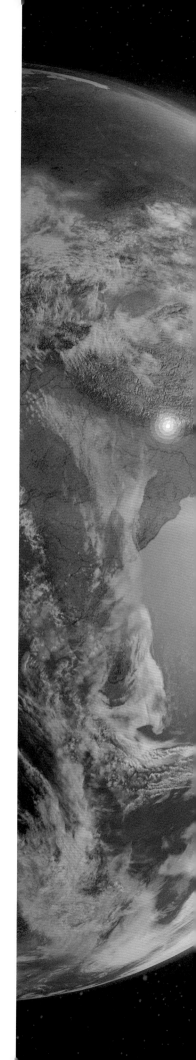

地球，

这颗孕育生命万物的蓝色星球，

从浩瀚无垠的宇宙生发而来，

在漫长悠远的光阴雕琢中，

历经无数次风云激荡的洗涤，

持续不停地迸发出无尽活力，

幻化出浩渺的海洋和新鲜的空气，

随之又舒展着自己伟岸雄壮的身姿，

创造了起伏的陆地和鲜活的自然万物。

再经历亿万年沧海桑田的更迭轮回，

让蔚蓝无际的海洋和五彩缤纷的陆地，

时而交替兴起，

时而交错依存。

万物和生命不断轮回，

尘寰和天地相互守望。

在人类赖以繁衍栖息的土地上，
则是以山峰、高原、平原、丘陵、盆地等不同的形态，
错落有致地和冰川、湖泊、江河、溪流交融共生。

是人类赖以生存的家园。蓝色的是浩瀚的海洋，绿色的是森林和草原，黄色的是沙漠，白色的是冰雪覆盖之地

地球，这颗茫茫宇宙中的美丽星球，是人类赖以生存的家园。蓝色的是浩瀚的海洋，绿色的是森林和草原，黄色的是沙漠，白色的是冰雪覆盖之地

世界七大洲
最高峰分布

6190 米
迪纳利峰
属于阿拉斯加山脉
位于美国阿拉斯加州

6960 米
阿空加瓜峰
属于安第斯山脉
位于阿根廷

4892 米
文森峰
属于艾尔沃斯山脉
位于南极洲

北美洲

南美洲

南极洲

8848.86 米
珠穆朗玛峰

属于喜马拉雅山脉
位于中国与尼泊尔两国交界处

5899 米
乌呼鲁峰

属于乞力马扎罗山脉
位于坦桑尼亚东北部

5642 米
厄尔布鲁士山西峰

属于大高加索山脉
位于俄罗斯和格鲁吉亚两国交界处

4884 米
查亚峰

属于新几内亚岛中央山脉
位于印度尼西亚巴布亚省

欧洲

亚洲

非洲

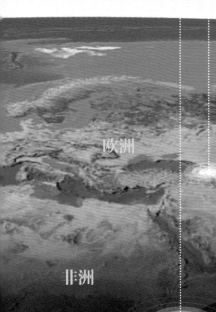

大洋洲

珠穆朗玛峰所在的区域，
本就是一座座山川相连，
一首首藏歌嘹亮的青藏高原。
这里是世界上平均海拔最高、中国面积最大的高原。

青藏高原位于中国西南部，
包括西藏和青海两省区全部，
以及四川、云南、甘肃和新疆四省区部分地区，
总面积约 260 万平方千米，
大部分地区海拔超过 4000 米。
青藏高原被誉为"世界屋脊""地球第三极""亚洲水塔"，
是珍稀野生动物的天然栖息地和高原物种基因库，
是中国乃至亚洲重要的生态安全屏障，
是中国生态文明建设的重点地区。

中国地势

中国地势，西高东低，呈阶梯状分布，并且
向海洋倾斜，山地、高原和丘陵约占陆地
面积的 67%，盆地和平原约占陆地面积的
33%。山脉多呈东西和东北—西南走向。

第一级阶梯：主体为青藏高原，平均海拔在
4000 米以上，号称"世界屋脊"。

第二级阶梯：由内蒙古高原、黄土高原、云
贵高原和塔里木盆地、准噶尔盆地、四川盆
地组成，平均海拔 1000 ~ 2000 米。

第三级阶梯：自北向南分布着东北平原、华
北平原、长江中下游平原，平均海拔 500 米
以下，平原的边缘镶嵌着低山和丘陵。

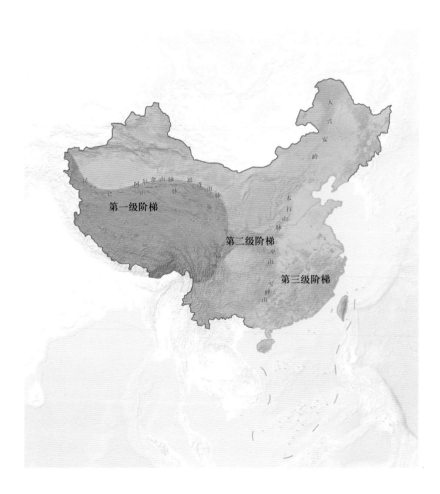

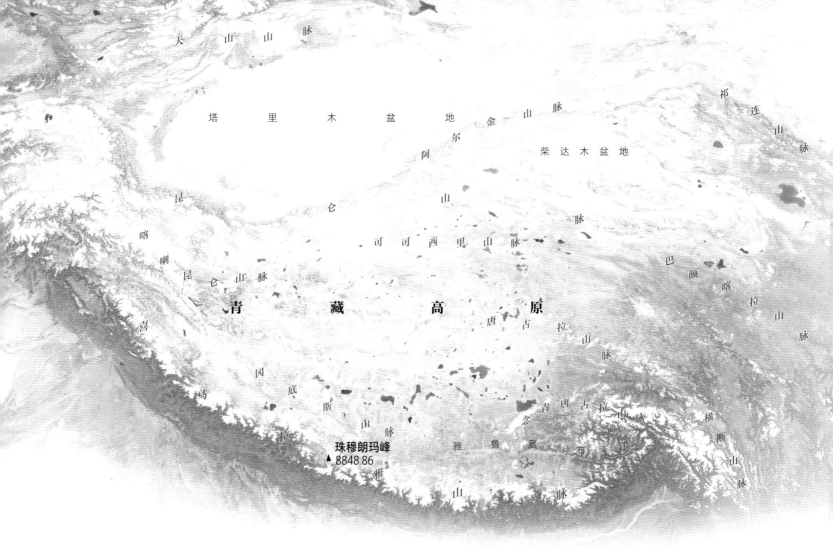

天 山 山 脉

塔 里 木 盆 地 尔 金 山 脉

阿 柴 达 木 盆 地

昆 仑

喀

喇 山

昆 仑 山 脉 脉 巴

颜

喀

拉

青 藏 高 原 山

念 青 唐 古 拉 山 脉 脉

可 可 西 里 山 脉

唐 古 拉 山 脉

冈

底

斯

山

脉 横

断

珠穆朗玛峰 雅 鲁 藏 布 江 山

▲ 8848.86 脉

雅

山 脉 喜

马

青藏高原山系示意图

大自然伟大的杰作中，

尤以山为雄浑高耸之形，峰为壮丽峻峭之态。

当山地连绵不断，

呈线状延伸的形态时，

方可称之为山脉。

山脉的高点，

便是山峰。

犹如地球头颅一般的峰峦，

总是以高傲的姿态，

挺拔在斑斓星球的躯体之上，

让人心生敬畏。

全球超过海拔 8000 米的山峰，

有 14 处之多。

这些高耸入云的至高之峰，

全部坐落于青藏高原的喜马拉雅山脉和喀喇昆仑山脉。

以珠峰为中心的 20 千米的范围内，

仅海拔 7000 米以上的高峰就有 40 多座。

这里终年云深苍茫，

山高陡峭人迹罕至。

尤其是珠穆朗玛峰，

总是欲与天公试比高，

其神秘的容颜令人无比向往。

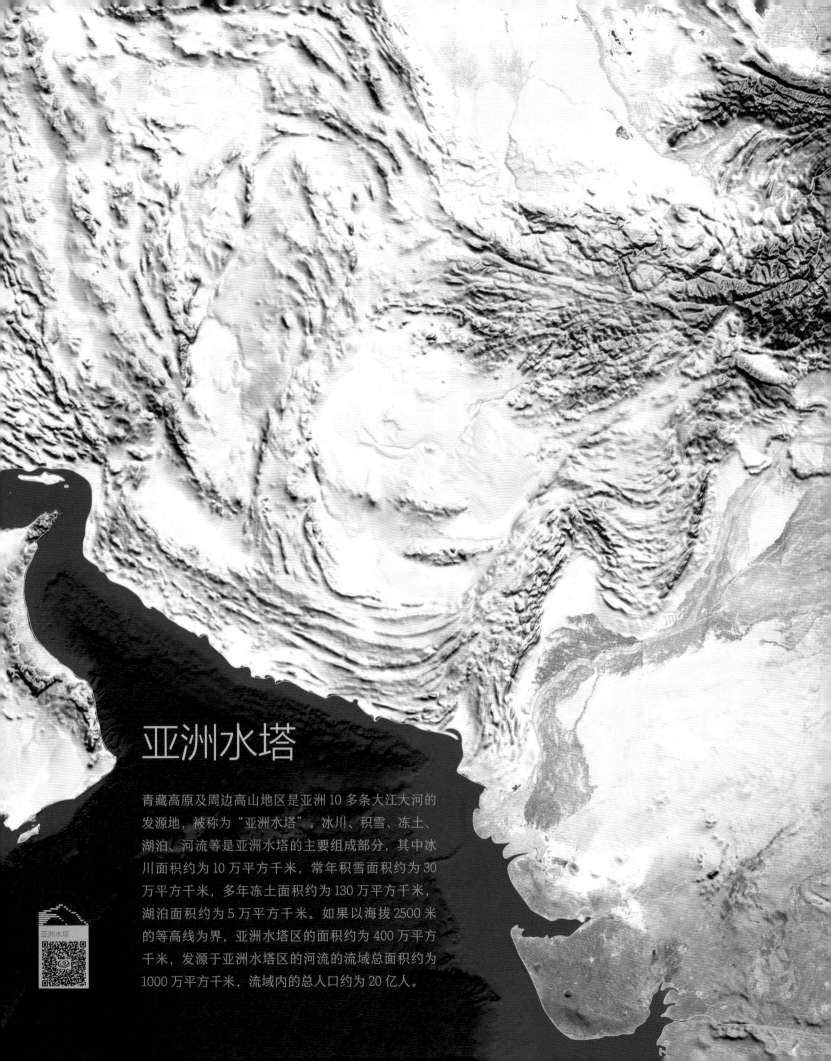

亚洲水塔

青藏高原及周边高山地区是亚洲 10 多条大江大河的发源地，被称为"亚洲水塔"。冰川、积雪、冻土、湖泊、河流等是亚洲水塔的主要组成部分，其中冰川面积约为 10 万平方千米，常年积雪面积约为 30 万平方千米，多年冻土面积约为 130 万平方千米，湖泊面积约为 5 万平方千米。如果以海拔 2500 米的等高线为界，亚洲水塔区的面积约为 400 万平方千米，发源于亚洲水塔区的河流的流域总面积约为 1000 万平方千米，流域内的总人口约为 20 亿人。

亚洲水塔

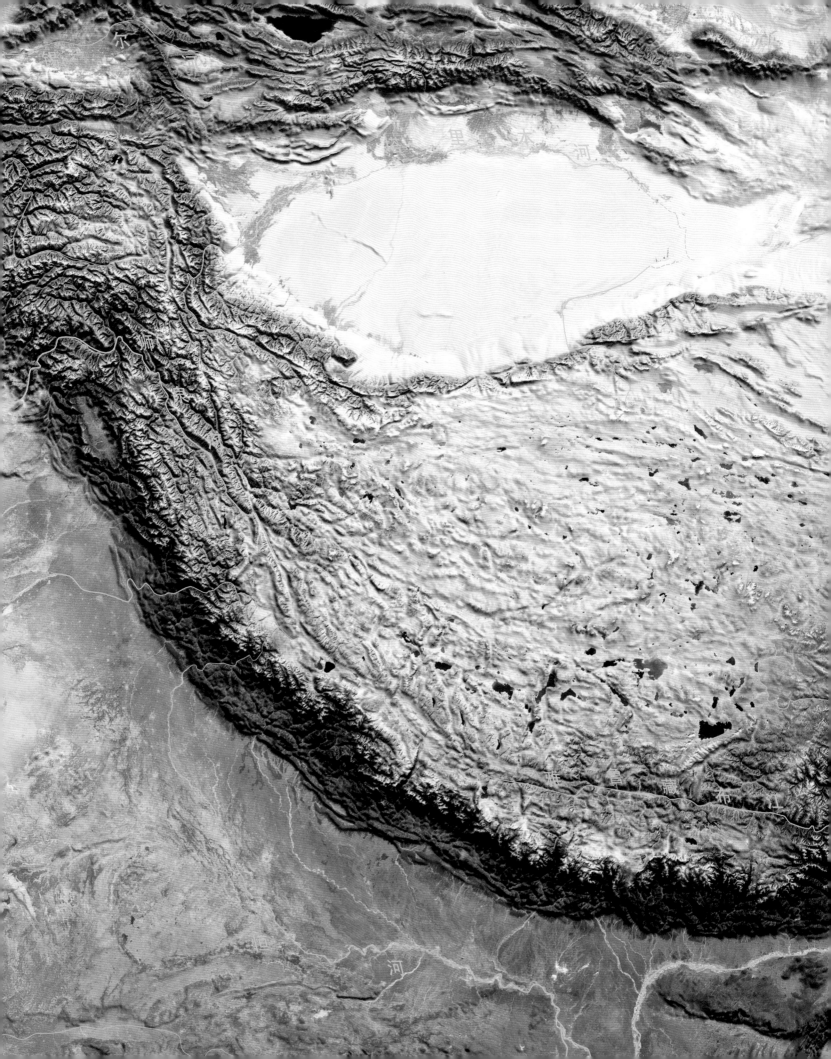

喜马拉雅山脉

喜马拉雅山脉 9 座 8000 米以上的山峰

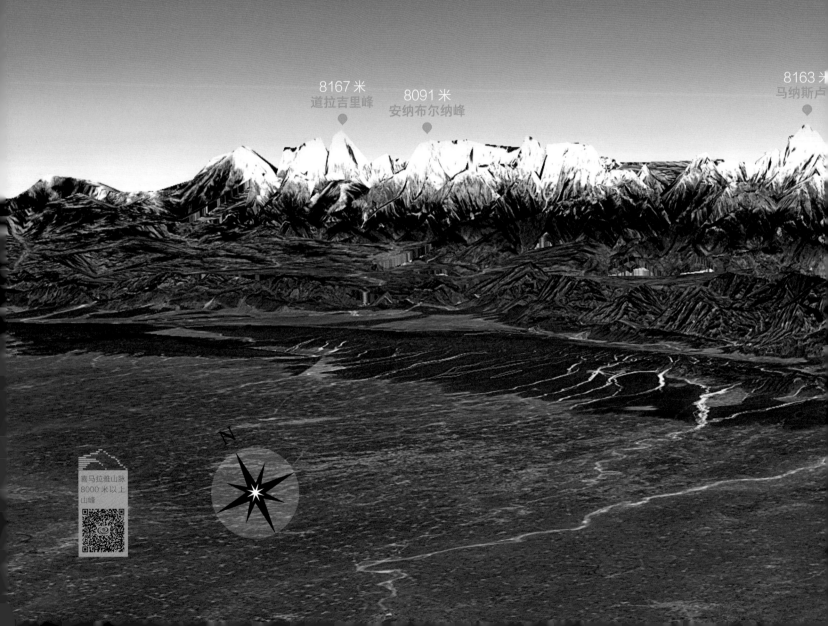

8167 米
道拉吉里峰

8091 米
安纳布尔纳峰

8163 米
马纳斯卢

喜马拉雅山脉
8000 米以上
山峰

8012 米
希夏邦马峰

8848.86 米
珠穆朗玛峰

8201 米
卓奥友峰

8516 米
洛子峰

846
马卡

喜马拉雅山脉

喜马拉雅山脉是地球上最高、最年轻的山脉，蜿蜒于青藏高原南侧，由许多近似东西向的平行支脉组成，其主要部分在中国与印度、尼泊尔的交界线上，全长 2400 千米，宽 200~300 千米，主脊山峰平均海拔 6000 米，其中海拔 8848.86 米的世界第一高峰—珠穆朗玛峰，耸立在喜马拉雅山脉中段的中尼边界上。

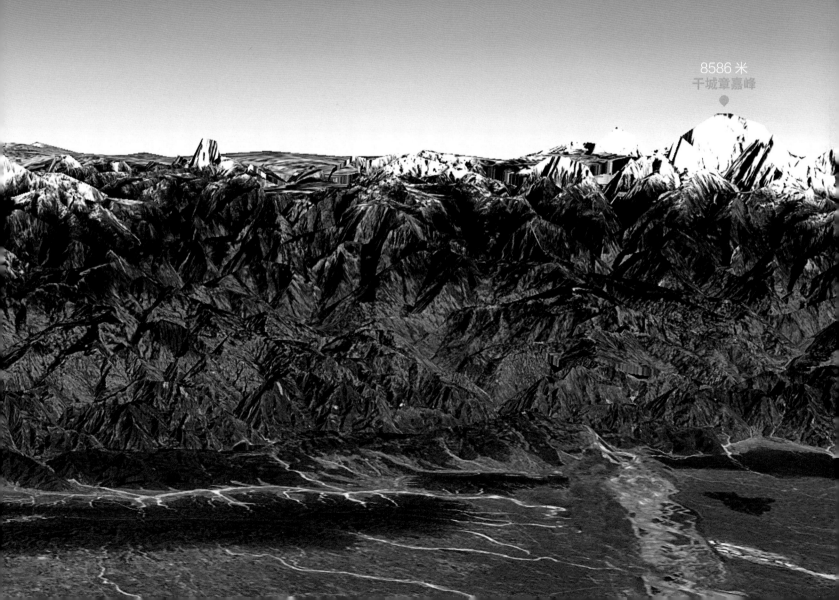

8586 米
干城章嘉峰

珠穆朗玛峰作为喜马拉雅山脉
中众多山峦的主峰，
傲然挺立，
直抵云端，
是毫无争议的地球之巅。

这座矗立在中国与尼泊尔交界处的高峰，
山体呈巨型金字塔状，
在阳光下金灿灿昂首天外，
凝眸相视已是巍然肃穆，
蓦然回首更是恢弘雄壮。

实景三维看
珠穆朗玛峰

在海拔 5300 米的珠峰大本营，可以欣赏到夕阳下"日照金山"的胜景

绒布寺旁如镜般的水面，倒映着蓝天白云下白雪皑皑的珠峰

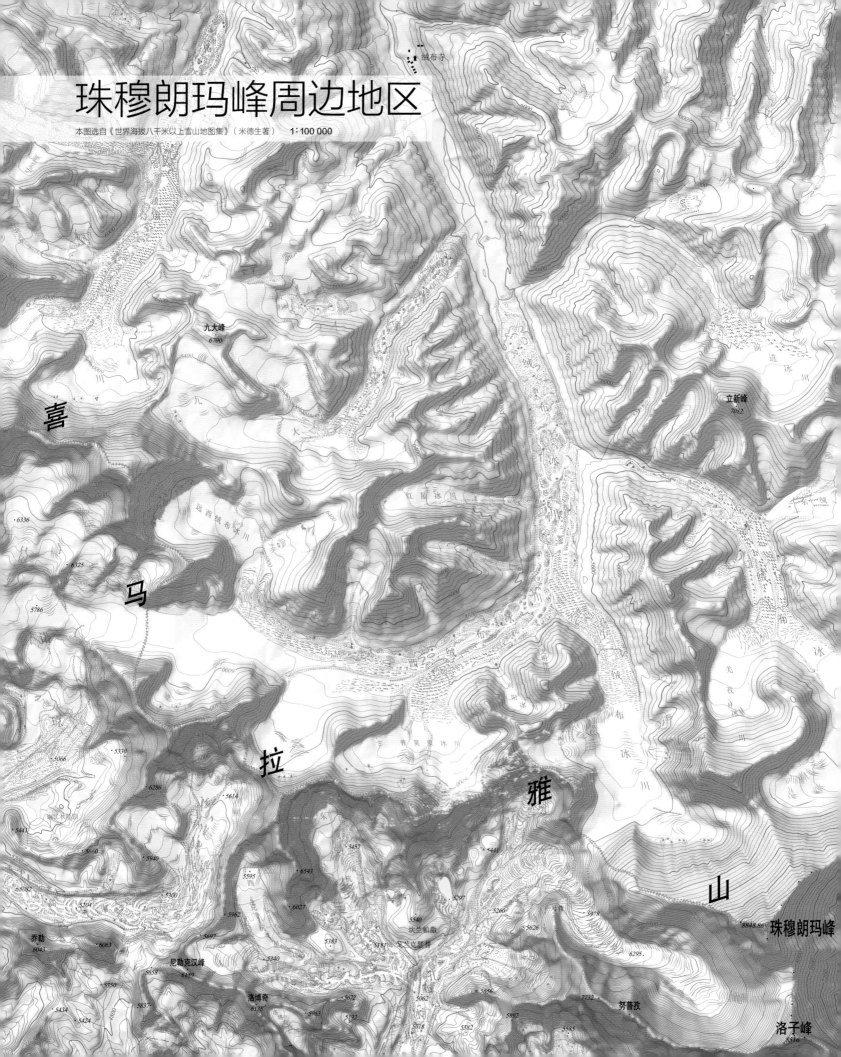

珠穆朗玛峰周边地区

本图选自《世界海拔八千米以上雪山地图集》（米德生著）　1：100 000

西措穷冰川

卡达章革里冰川

6267

6303

5600

6000

5600

6000

5600

5600

5200

5200

5200

4800

5600

5200

卡达普峰
7216

6400

6000

5600

5200

6000

4800

5600

5600

5200

康

冰

等高线 高程点 高程(米)	冰川 断面线	陡石山 寒漠地
碎石坡 崩崖	示坡线	冰陡崖
冰塔	冰裂隙	冰碛石
居民地	牧点	寺 庙 塔
小路 山口	河流 时令河 石滩	自然保护区 森林

地球之巅的形成

追溯珠穆朗玛峰的源起，

必然要探秘青藏高原的由来。

此时此刻，

不妨静坐倾耳，

在远古的呼唤声中，

听一听关于青藏高原的美丽故事。

享有"世界屋脊""亚洲水塔"和"地球第三极"美誉的青藏高原，

曾有过一段奇幻的生命历程。

在距今约 3.6 亿年的泥盆纪晚期，

地球上仅存在两个超级大陆。

一个是位于南半球的冈瓦纳古陆，

包括现今的澳大利亚、南极洲、南美洲、非洲和印度次大陆，

现今青藏高原的主体（特提斯喜马拉雅、拉萨、羌塘地块），

当时位于冈瓦纳古陆北缘。

另一个是位于北半球的劳亚古陆，

包括现今的欧亚大陆、北美大陆和格陵兰岛。

两个古大陆之间是广阔的海洋，

南北宽度超过数千千米，

类似于现今的太平洋，

它甚至还借用古希腊神话中河海之神的妻子之名，

拥有过一个诗意的名字——古特提斯洋。

在距今约 3.2 亿年的
晚石炭世，

南方的冈瓦纳古陆与北方的劳亚古陆聚合，

形成了当时地球上唯一的联合古陆——泛大陆

（又称盘古大陆）。

大约距今 3 亿年，

泛大陆开始解体。

北方的劳亚古陆一分为二，

成为北美和欧亚大陆两部分，

南方的冈瓦纳古陆则陆续解体，

首先解体的便是由众多小陆块组成的长条形古陆

——基梅里古陆，

青藏高原的核心——羌塘和拉萨地块也在其中。

到了距今约 2 亿年的
三叠纪晚期，

羌塘地块首先到达现今的位置，

成为青藏高原最早期的形态，

此时古特提斯洋消失，

新特提斯洋已初具规模。

现今的金沙江、秦岭—大别山等地区仍保留了

古特提斯洋的遗迹。

到了距今约 1.3 亿年的
白垩纪早期，

印度板块接着从冈瓦纳古陆解体，

向北移动，

最快时漂移速度超过 15 厘米 / 年，

致使新特提斯洋壳受到强烈的挤压，

不断俯冲消减。

此时更早解体的拉萨地块基本已经达到现在位置，

与羌塘地块拼贴在一起，

原始的青藏高原面积继续扩大。

从距今约 6500 万年以来，

印度板块与欧亚板块发生陆陆碰撞。

产生的强烈构造运动，

学术界称其为"喜马拉雅运动"。

以现在中国境内新生代的造山运动为中心，

新特提斯洋褶皱隆起，

印度板块向欧亚板块汇聚，

新特提斯洋逐渐消失，

青藏高原大部分地区结束海洋历史，

高原的初容露出海面。

随之，

地壳发生更强烈的褶皱隆起、变形和岩浆活动，

出现复杂的迭瓦状推覆体构造。

而处在两大板块交接处的喜马拉雅地带，

渐渐隆起形成地球上横贯东西的褶皱山脉。

在高原隆起形成世界屋脊的过程中，

经历了一次快速隆起，

在短短的几百万年间隆升了 3000 ~ 4000 米的高度，

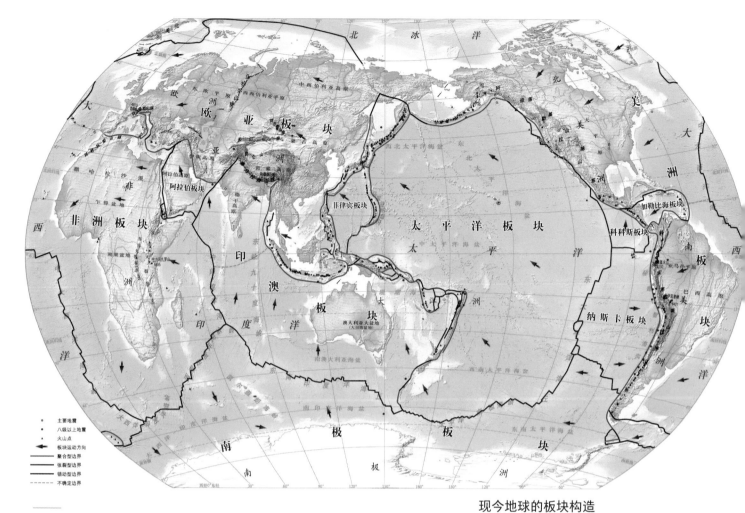

现今地球的板块构造

板块构造学说

板块构造论认为，地壳和地幔的顶部构成了岩石圈，岩石圈是由不同板块拼合而成的；随着地幔高温岩浆的循环，上面的地壳板块逐渐移动。在地表可以看到这种移动的结果——峡谷和山脉的形成，火山喷发、构造运动、风化剥蚀等形成了地球表面的各种各样地貌特征。地球表面划分为六大板块，即太平洋板块、欧亚板块、印澳板块（包括印度板块和澳大利亚板块）、非洲板块、美洲板块和南极板块。

到了 1500 万年前，

几乎接近现今高度，

随后缓慢变化，

其周围盆地大幅度拗陷，

老断裂带继续活动，

每次抬升都使高原地貌得以演进。

由于中国地处欧亚板块东南部，

在印度板块和太平洋板块的相互作用下，

发生了强烈的差异性升降运动，

中国地势出现了大规模的高低分异。

尤其差异运动的强度自西向东由强变弱，

印度陆壳沿雅鲁藏布江缝合线向亚洲大陆

南缘俯冲挤压，

使喜马拉雅山和青藏高原大幅度抬升。

青藏高原上绵延起伏的雪山

珠峰北坡

科考珠峰

走近
地球
之巅

珠峰科考史
揭开珠峰面纱

走近

地球

之巅

珠峰科考史

近 60 年来，
中国科学家对珠穆朗玛峰地区开展了
6 次大型综合科学考察，
涉及地理学、大气科学、地球物理学、
地质学、生物学、生态学等多学科。

2 1966—1968 年

中国科学院西藏科学
考察队

1 1959—1960 年

中国科学院、国家
体育运动委员会

6 2018—2019 年

♟ 第二次青藏科考队

5 2016 年

♟ 中国科学院联合相关
研究机构和高校

4 2005 年

♟ 中国科学院相关研究所

3 1975 年

♟ 中国科学院综合考察
委员会

人类通过科考不断加深对珠峰的科学认识

1959 年，科考队员在大本营设立气象百叶箱，观测温度、湿度等气象要素

1959—1960 年，
中国科学院和国家体育运动委员会组织了中国珠穆朗玛峰登山科学考察队。

46 名来自气象、地质、地貌、测量、水文、植物、动物等 7 个专业的科学工作者，

涉及珠穆朗玛峰东、北、西三面约 7000 平方千米，海拔 2500 米至 6500 米范围的科学考察，

填补了世界最高峰地区科学上的空白。

科考队编写了《珠穆朗玛峰地区科学考察报告》，

系统地阐述了珠峰地区的自然面貌，

划分了垂直自然带，

进一步了解了本区地层的分布与时代、构造特征和矿产资源，

观测了珠峰地区的气象、地形和冰川，

编制了 1∶50000 比例尺的植被分布草图，

填制了森林分布简图，

发现苔藓新物种 3 种，

采获兽类标本 22 种，

发现鸟类国内新记录 2 种，

兽类国内新记录 1 种和 2 个新亚种。

科考队员在中绒布冰川观测地形地貌

科考队员在冰面上打钻观测冰川流动速度

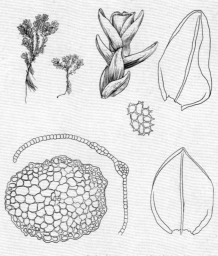

科考发现的苔藓新物种：
喜马拉雅紫萼藓

科考发现的鸟类新记录：
杂色噪鹛

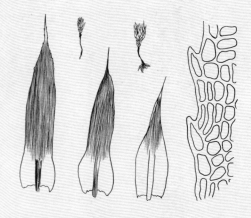

科考发现的苔藓新物种：
西藏金发藓

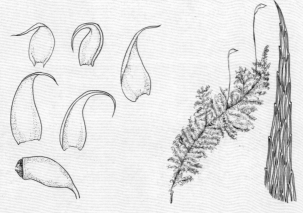

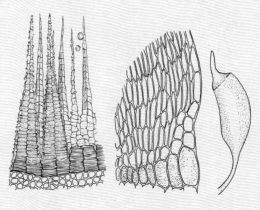

科考发现的苔藓新物种：
喜马拉雅小锦藓

1966—1968 年，
中国科学院西藏科学考察队，
以"喜马拉雅山的隆起及其对自然界与人类活动的影响"
为中心课题，
对珠穆朗玛峰地区进行了地质、地理、气象、测绘和高山
生理等科学考察。

参加珠穆朗玛峰科学考察的部分队员合影

珠穆朗玛峰及邻近地区地层剖面图

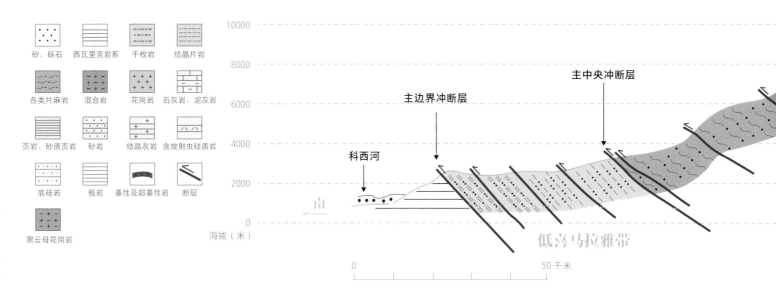

砂、砾石	西瓦里克岩系	千枚岩	结晶片岩
各类片麻岩	混合岩	花岗岩	石灰岩、泥灰岩
页岩、砂质页岩	砂岩	结晶灰岩	含放射虫硅质岩
底砾岩	板岩	基性及超基性岩	断层
黑云母花岗岩			

这次考察，

首次在我国境内的喜马拉雅山主脉北坡发现了奥陶纪、志留纪、泥盆纪地层，

建立了珠穆朗玛峰地区比较完整的地层剖面系统。

在聂拉木县土隆村附近海拔 4800 多米的地方发现了喜马拉雅鱼龙化石，

结合 1964 年希夏邦马峰科考中发现的高山栎化石，

反映了珠穆朗玛峰及其周边地区古环境的剧烈变化。

对珠穆朗玛峰地区的温度和降水特征有了进一步了解，

在海拔 5000 ~ 7029 米的 12 个高度上，

取得了较为系统的太阳辐射资料，

发现该地区是世界上太阳辐射最强的地区之一。

科考还详细调查了冰川的数量、分布、冰结构、冰层温度、消融特征和运动的变化规律，

测制了珠穆朗玛峰地区 1 : 50000 比例尺的详细地形图。

1972 年，中国科学院召开了
珠穆朗玛峰科学考察学术会议，
全面总结了此次考察的成果，
研究制定了青藏科考八年规划，
为我国开展第一次青藏高原综合科学考察奠定了基础。

科
考
珠
峰

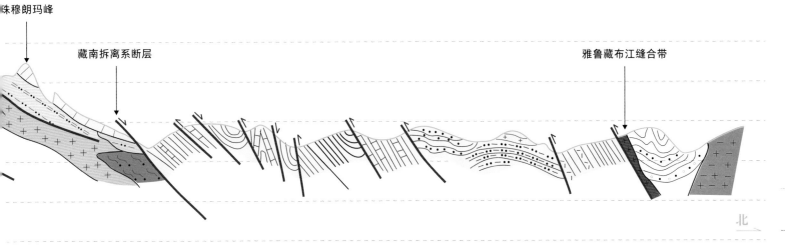

珠穆朗玛峰　　　　藏南拆离系断层　　　　　　　　　　　　　　　　　　　　　雅鲁藏布江缝合带

北

喜马拉雅结晶岩系　　　　　　　特提斯喜马拉雅带

039

珠穆朗玛峰下的登山科考队员

安装太阳辐射仪，监测珠峰地区太阳辐射强度

打冰钻测冰温

1975 年，
中国科学院再次组织珠峰科学考察分队，
对珠峰地区进行了高山环境、地质、气象、生理等考察研究。

科考队第一次认识了珠峰地区大气与环境本底状况，

铅、镉、汞的含量均为正常状态，

人类活动未造成土壤的重金属污染。

科考发现了奥陶纪的腕足类动物、三叶虫、海百合茎等的化石，

还发现了早三叠纪的珠峰中国旋齿鲨化石，

以及晚中新世的希夏邦马峰北坡吉隆三趾马动物群化石，

证实了珠峰地区沧海桑田的巨变。

首次分析了珠峰北坡中小尺度天气系统的活动规律，

及其对该区高空风和冰川风的影响，

对山地气象学和高原气象学都有一定的贡献；

论述珠峰及邻近山地对于大气运动的作用，

对攀登珠峰的天气预报规律给出了历史经验总结，

对于登山者和探险家们具有实用意义。

运用我国自行设计制造的远距离、耐低温、轻重量的无线电心电遥测仪，

在珠峰顶峰对登山队员进行心电测试，

研究了高海拔极度低氧对人体生理功能的影响。

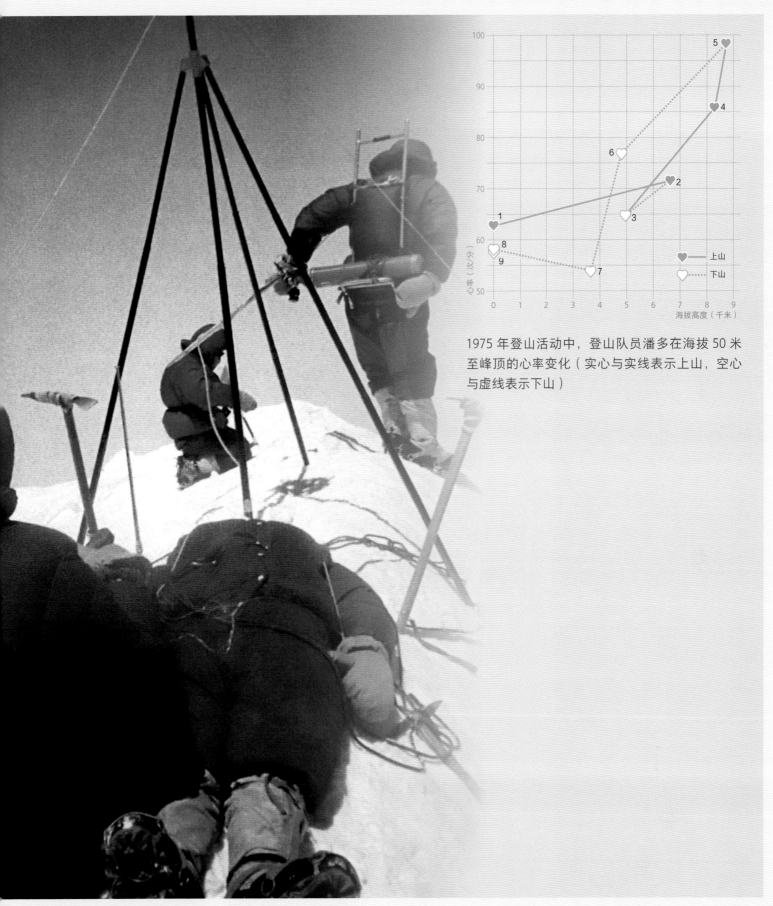

1975 年登山活动中，登山队员潘多在海拔 50 米至峰顶的心率变化（实心与实线表示上山，空心与虚线表示下山）

1975 年，登山队员在珠峰峰顶进行心电测试

高原人体生理变化与适应

在青藏高原大气压低、空气稀薄、紫外线强等特殊的自然环境下，研究人体的生理特点和变化及其适应和应对高原环境的方式机制等，是保障人体健康和社会经济发展的重要问题。高原对人体影响最重要的两个因素是缺氧和寒冷。缺氧会引起人体机体各系统的生理或病理性的反应，如机体血液重分布，外周及末梢血液循环血流量降低等。寒冷诱导机体对去甲肾上腺素敏感性增高，机体耗氧量增加，导致缺氧耐受力的降低。而机体氧代谢减低，产热减少又导致耐寒能力下降。寒冷与缺氧交互影响，共同导致机体对高原环境的适应性降低。除此之外，干燥和紫外线强等高原地区的自然环境特点也是影响人类生理和健康的不利因素。

高原对人体影响最重要的两个因素　　　缺　氧　　寒　冷

遗传学家发现，人类身体里有一种EPAS1基因，一旦中的含氧量降低，这种基因便开始发挥作用，使身生出更多的血红蛋白或者红细胞，以增强携氧能力来高海拔的低氧环境，但同时也会引起血液黏稠度增继而引发一些高原反应。然而，世居青藏高原的藏体内的EPAS1基因发生了变异，且经历了长期的自然后表现出与平原人群显著不同的体质特征，使他们要通过大量增加血红蛋白或红细胞的个数来增强携力，而是通过提高对氧的利用效率来适应低氧环境学家将这种变异与世界上其他族群的基因进行了对发现这种EPAS1变异基因只在青藏高原人群中有较高的存在。青藏高原世居藏族对氧的摄取与利用好于上其他高海拔地区世居人群，成为目前公认的对高氧环境适应最优的民族之一。

气温随海拔高度的变化示意图

一般而言，海拔每升高1000米，大气压下降10000帕，气温下降6～10℃。

5000　　　　−10℃　　　**湿绝热垂直递减率**
海拔每上升**100**米，
气温下降**0.6**℃

日喀则
4000　　　　−4℃

香格里拉
　　　　　　　　　　　凝结高度
3000　　　　2℃

2000

昆明
　　　　　　12℃　　　**干绝热垂直递减率**
海拔每上升**100**米，
气温下降**1**℃

呼和浩特
1000　　　　22℃

青岛
0

海拔（米）　　　　32℃　　地　表
　　　　　　　　气温

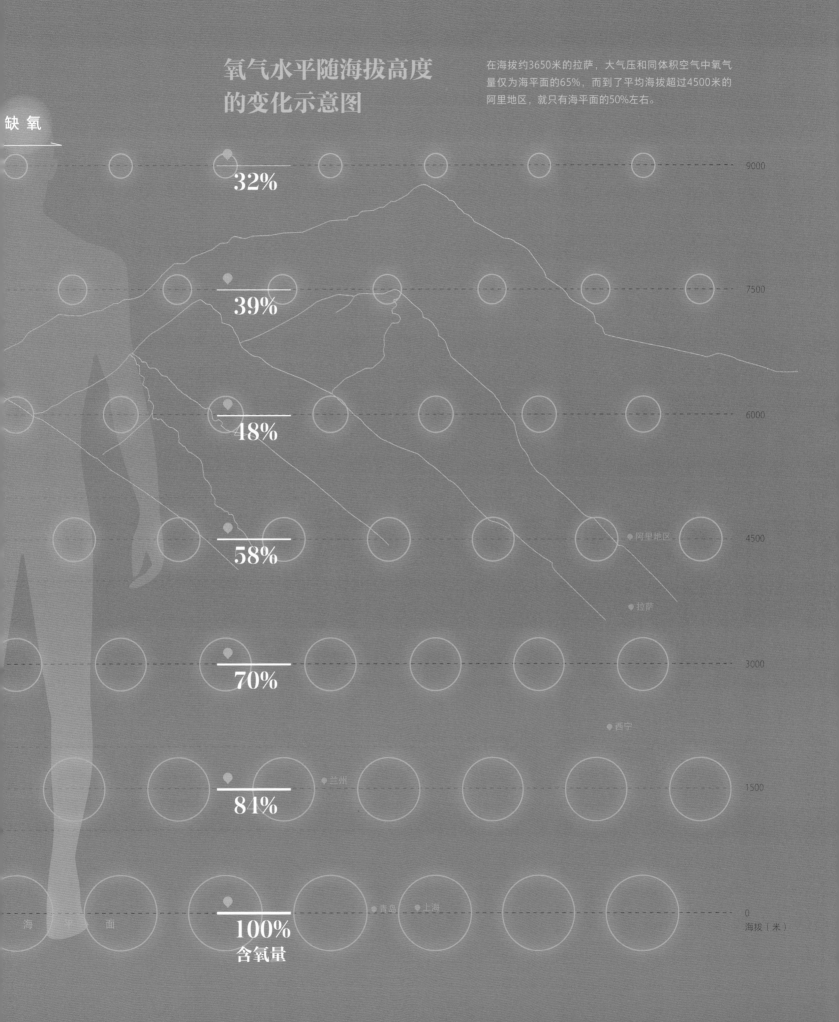

含氧量

氧气水平随海拔高度的变化示意图

在海拔约3650米的拉萨，大气压和同体积空气中氧气量仅为海平面的65%，而到了平均海拔超过4500米的阿里地区，就只有海平面的50%左右。

缺 氧

9000

32%

7500

39%

6000

48%

4500　　●阿里地区

58%

　　●拉萨

3000

70%

　　●西宁

1500

84%　　●兰州

0

100%

海拔（米）

含氧量

海 平 面

●青岛　●上海

2005 年，
来自中国科学院青藏高原研究所、地理科学与资源研究所、
寒区与旱区环境与工程研究所、地质与地球物理研究所等
10 个单位的 50 多名科考队员，
对珠穆朗玛峰及其毗邻地区进行了第四次综合科学考察。

这次科考对珠峰的大气物理和大气化学、冰川及水文、生态与环境等进行了研究。

科学家在珠峰北坡建成了中国科学院珠穆朗玛大气与环境综合观测研究站，

填补了我国在珠峰地区地学综合观测研究机构的空白。

建成了 20 米气象塔，

安装了无线电大气探空系统、大气气溶胶采集系统以及大气温室气体采集系统，

为深入研究珠峰地区的环境变化奠定了基础。

科考重新确定了绒布冰川末端，

发现冰川正在发生剧烈变化。

科考队员登上北坳海拔 7200 米处开展冰川考察和雪冰采样，

采集各种样品近 2000 个，

包括非常珍贵的珠峰峰顶的岩石和雪样。

在绒布河谷发现了香柏、西藏沙棘等多种过去在这一地区从未被记录过的高山植物群落。

在 1981—2001 年，

由于区域人口增加等引发的过度放牧、开垦耕地、薪炭砍伐，

珠峰地区部分核心区植被退化严重，

定日县有四分之一的草地发生了不同程度的退化。

绒布冰川末端的冰湖

中国科学院珠穆朗玛大气与环境综合观测研究站

在 2005 年珠峰科考期间，中国科学院珠穆朗玛大气与环境综合观测研究站（简称"珠峰站"）建成，填补了我国在珠峰地区地学综合观测研究机构的空白。在全球变暖的背景下，开展对珠峰地区的大气、冰川、生态和地球物理等长期观测记录。珠峰站位于我国西藏自治区定日县的扎西宗乡，在距珠峰登山大本营 30 千米左右的绒布河河谷中。珠峰峰顶在台站正南方 41 千米左右。珠峰站包括观测场和生活区两个区域，总面积为 30 亩，为高山戈壁荒漠下垫面。现已建成近 800 平方米的综合楼房和活动房，2000 平方米的观测场地，配有市电和太阳能供电系统及野外交通工具。珠峰站不但可以与意大利科学家在珠峰南坡建立的金字塔站进行对比研究，还可以进一步认识喜马拉雅山区在全球气候变化中所起的作用，从而奠定了我国在世界最高峰地学研究领域的发言权。

科考珠峰

走进珠峰站

科考队员在东绒布冰川海拔 5900 米处采集冰塔林样品

东绒布冰川垭口（海拔 6520 米）的大气气溶胶采样系统

东绒布冰川垭口（海拔 6520 米）的自动气象观测系统

2016 年，
中国科学院联合国家气候中心等研究机构和高校，
对珠峰地区开展了气候、环境和人文动态等综合科学考察。

科考队员利用高精度探地雷达对东绒布冰川进行了厚度测量，

在海拔 5800 米附近发现一个长度超过 50 米的大型冰洞，

为研究冰川内部水系以及冰川运动特征提供了难得的机会。

在东绒布冰川海拔 6500 米处采集了雪坑样品，

钻取了两支长度为 10 米的浅冰芯。

在珠峰北坳海拔 6700 米处，

数位科学家通过高清、全景和 VR 直播，

面向全球范围直播讲授公开课，

呼吁公众保护珠峰地区自然环境。

在海拔 5800 米处发现的大型冰洞

冰洞长度超过 50 米，由冰内流水的冲刷而形成。冰洞壁上夹杂着砾石和粉砂，冰内气泡密布。

2017 年，
由中国科学院组织实施的第二次青藏高原综合科学考察研究
作为国家战略任务正式启动。

2018—2019 年，
第二次青藏科考队组织了珠峰地区综合科学考察。

西天山区

尔区

昆仑—西昆仑区

阿尔金山

祁连山北坡与
河西走廊区

祁连山南坡与
柴达木盆地区

祁连山—阿尔金山区

羌塘高原

可可西里

南

亚

江湖源区

三江源区

河湖源区

马

拉

道

通

南亚通道区

一江两河区

昆仑山高山峡谷区

雅

西藏自治区

喜马拉雅山

藏东南区

区

边境区

三江流域及横断山区

综合区分界线

关键区

第二次青藏科考将在5大综合区的19个关键区开展野外科学考察研究

东南亚跨境区

第二次青藏科考预期成果

重大标志性科学工程
第二次青藏科考将构建保障亚洲水塔与生态屏障安全的青藏高原环境变化应对科学工程

三大融合体系构架 3 　水　生态　人类活动

六大综合产品支柱 6
- 亚洲水塔　　○ 生态屏障
- 川藏铁路　　○ 资源效应
- 绿色发展　　○ 科考平台

十大任务重大成果 10
- 西风—季风协同作用及其影响 　　○ 人类活动与生存环境安全
- 亚洲水塔动态变化与影响 　　○ 高原生长与演化
- 生态系统与生态安全 　　○ 资源能源现状与远景评估
- 生态安全屏障功能与优化体系 　　○ 地质环境与灾害
- 生物多样性保护与可持续利用 　　○ 区域绿色发展途径

相关专题亮点成果

天山—帕米

帕米尔区

中巴经济走廊区

喀[

喜

现代化高新技术装备

第二次青藏科考将充分体现新时代"智能科考"的特点,构建星—空—地观测研究体系,应用新技术、新手段、新方法不断提高科学效率

第三极卫星

遥感飞机

系留艇和飞艇

无线电探空

低空无人机

超声风温仪

自动气象站

测风雷达车

天气雷达　降雨雷达　风温廓线仪

无人船

00000

10000

1000

500

0

(米)

这是我国第六次大规模的珠峰科考活动。

科考队首次使用系留浮空艇高新技术平台搭载仪器设备，

开展珠峰地区大气水汽稳定同位素和黑碳含量的垂直剖面观测研究，

从而揭示西风—季风影响下，水汽和南亚污染物如何传输到青藏高原，

实现了前沿科学问题和重大技术跨界交叉融合的重大突破。

除此之外，

此次科考同时在不同海拔架设气象站、黑碳仪、水汽稳定同位素分析仪，

进行大气环境海拔梯度观测，

并利用探地雷达对珠峰冰川进行测量。

西风—季风影响下水汽传输示意图

利用探空气球探测珠峰地区高空综合气象条件

历次科考，

都是站在地球之巅的科学追问和自然探索，

虽然充满了太多的艰辛和不易，

但是成果丰硕。

既是对历史的记录，

也是未来守护珠峰健康的基础。

揭开珠峰面纱

珠峰以及青藏高原的空间维度，

可以分为岩石圈、大气圈、冰冻圈、水圈、生物圈、人类圈。

六大圈层相互影响，

形成了完整的地球系统，

深刻而持久地影响着地球的生态和人类的繁衍。

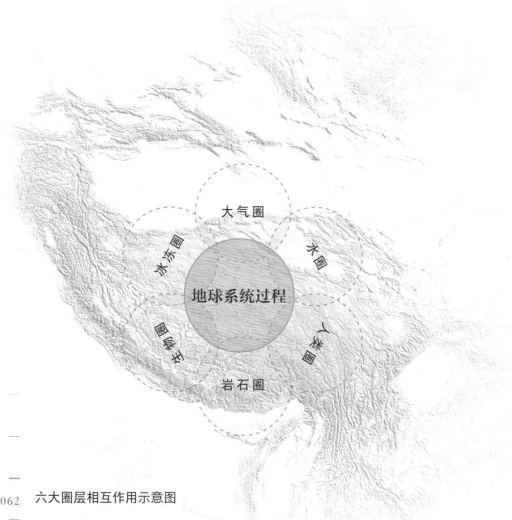

六大圈层相互作用示意图

落日余晖中的珠峰金顶，等待人类揭开它神秘的面纱

大气

水 圈

生物圈

六大圈层

六大圈层

青藏高原是全球多圈层体现最全且相互作用最为强烈的地区之一，隆起的高原对多圈层的演化有着极其重要的影响。珠峰地区作为多圈层作用的典型代表，冰川、雪山、森林、湖泊与生物和谐共处，构建了一幅美丽的画卷；岩石圈、水圈、冰冻圈、大气圈、生物圈和人类圈和谐共存，构成了一个缩小的地球系统。

水冻圈

人类圈

岩石圈

岩石圈

青黄色岩石层形成的岩石圈，

如同厚厚的"圈底"，

是这里的本底。

漫长的时光里，

在印度板块向北俯冲挤压的过程中，

作为边界断裂的主喜马拉雅山脉逆冲断裂，

从南端的平缓斜坡向北逐渐过渡到更加陡峭的斜坡，

形成了低喜马拉雅斜坡构造，

挤压作用造成喜马拉雅地区的地表发生隆升。

随着俯冲深度的增加，

斜坡构造的倾角向北继续增大，

形成了高喜马拉雅斜坡构造，

俯冲倾角的增大加快了板片向下的拖拽速率，

促进了高喜马拉雅的快速隆升，

成就了珠峰和众多高峰的相继诞生。

大约在 1500 万年前，

珠峰和周围的山峰已经达到了如今的高度。

8840 米
含粉砂含白云质结晶灰岩

8661 米
粉砂质结晶灰岩

8350 米
片状石英大理岩

8280 米
钙质石英千枚岩

7600 米
黑云母千枚岩

7029 米
石英大理岩

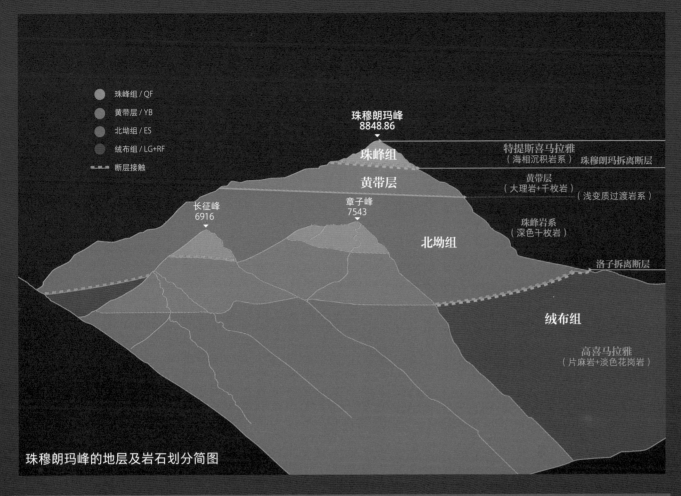

图例：
- 珠峰组 / QF
- 黄带层 / YB
- 北坳组 / ES
- 绒布组 / LG+RF
- 断层接触

珠穆朗玛峰
8848.86

珠峰组

黄带层

长征峰
6916

章子峰
7543

北坳组

绒布组

特提斯喜马拉雅
（海相沉积岩系） 珠穆朗玛拆离断层

黄带层
（大理岩+千枚岩）（浅变质过渡岩系）

珠峰岩系
（深色千枚岩）

洛子拆离断层

高喜马拉雅
（片麻岩+淡色花岗岩）

珠穆朗玛峰的地层及岩石划分简图

珠穆朗玛峰

珠峰地区沉积岩褶皱

褶皱是一个地质学名词，是岩层在构造应力的作用下，产生的一系列波状弯曲，常见的褶皱形态有背斜（褶皱构造的向上拱起部分）、向斜（褶皱构造的向下弯曲拗陷部分）等。

珠峰地区古生物化石

三叠纪时期

约2.5亿年前

约2亿年前

约2.5亿年前
早三叠世
珠峰中国旋齿鲨

发现时间：1975年

发 现 者：尹集祥等（珠峰登山科考队）

研 究 者：张弥曼

1

这只旋齿鲨有一个吻部的化石，其右边鼻腔里还有一个小菊石，可能是鲨鱼死后偶然埋进去的。登山科考队根据双壳类和菊石确定这只旋齿鲨的时代为早三叠世（距今约2.5亿年）。图中标本编号JVIF-7是珠峰登山科考队地质组标本编号（标本号的"J"就是当时使用的珠峰英文单词Mt. Jolmo Lungma的首字母缩写），V.4752.2为中科院古脊椎所标本编号。

2

旋齿鲨在晚古生代的石炭纪—二叠纪（距今3.6亿—2.5亿年）分布很广，但从二叠纪晚期起，逐渐衰落。进入三叠纪，它们就很少见了。在珠峰中国旋齿鲨出现之前，全世界范围内早三叠世保存较好的旋齿鲨化石仅有两件。从形态上看，西藏的珠峰中国旋齿鲨和浙江晚二叠世的长兴中国旋齿鲨非常相似，由此可见这些"幸运者"在逃过了二叠纪末大灭绝之后，形态并没有出现太大的变化。

约2亿年前
晚三叠世
西藏喜马拉雅鱼龙

发现时间：1966年，珠峰地区
　　　　　科学考察期间

发 现 者：刘东生（中科院地
　　　　　质所），邱占祥、
　　　　　张宏（中科院古
　　　　　脊椎所）等

在喜马拉雅鱼龙生活的时代，珠峰地区还在南半球的中纬度地区，位于印度板块北部，正淹没在新特提斯洋里。喜马拉雅鱼龙属于萨斯特鱼龙科，10多米的身型，再配上大量如尖锥一样粗大的牙齿，绝对是一方霸主。这类鱼龙所在的晚三叠世是萨斯特鱼龙家族的鼎盛时期，其体型在这个时期发展到了极致，一些种类体长甚至超过20米。然而，危机却在一步步靠近。随着泛大陆（注：二叠纪时形成的超级古陆，各大陆汇聚、连为一体的单一大陆）开始解体，大规模的火山爆发喷出大量温室气体，而降水的陡增使海水的酸化越来越严重。环境的持续恶化最终彻底击垮了这些庞然大物，萨斯特鱼龙最终没能熬过三叠纪末的大灭绝（距今约2亿年）。

1966年，科考队来到聂拉木县土隆村附近，这里位于希夏邦马峰和珠穆朗玛峰之间。科考队员在这里找到了喜马拉雅鱼龙化石，包含头部、牙齿、肋骨、椎体等，其中头骨长度超出1米。迄今为止，喜马拉雅鱼龙仍是青藏高原地区发现的最大的脊椎动物化石。

3

4

希夏邦马峰是喜马拉雅山中部的高峰之一，在北坡山脚下有一个植物化石层。其中保存着高山栎化石，其地质时代可能为晚上新世。根据高山栎的古今分布区间对比研究与推测，自上新世以来，在200多万年的时间里，希夏邦马峰隆升了约3000米。（高山栎化石层位于海拔5700～5900米，是典型的高寒荒漠，气候十分严寒，但在200万—300万年前，却生长着高山栎这样的植被，说明当时该地区比较温暖，海拔为2000多米，由此可见希夏邦马峰及周边地区环境的巨大变化。）

5

发现时间：1964年

发　现　者：希夏邦马峰登山科考队

初步报告：刘东生、施雅风（1964年）

研　究　者：徐仁、陶君容、孙湘君（中科院植物研究所）

新生代时期
约6500万年前

约200万年前
晚上新世
希夏邦马峰的高山栎化石
今

约700万年前
晚中新世
希夏邦马峰北坡吉隆三趾马动物群

发现时间：1975年，第一次青藏高原综合科学考察期间

发　现　者：计宏祥、徐钦琦、黄万波（中科院古脊椎所）

吉隆三趾马动物群是一个多样性很高的群落，其成员包括：三趾马（福氏三趾马）、西藏大唇犀、仓鼠、跳鼠、鼠兔、鬣狗、后麂、古麟和羚羊等。根据孢粉分析，这些动物的生存环境为森林和草原动物各占一定比例的疏林地带，海拔不超3000米。吉隆三趾马动物群成为青藏高原隆升的证据。

6

发现于西藏南部吉隆县沃马村，海拔4384米，化石层的地质时代为距今700万年的晚中新世。

大气圈

珠穆朗玛峰及其附近区域地理环境独特，
海拔高、太阳辐射强、气候复杂多变，
是全球变化最敏感的区域之一。

近 60 年，

珠峰地区的气温每 10 年上升 0.32℃，

冬季升温更为显著，

达到了每 10 年上升 0.44℃，

远高于全球同期平均升温率。

夏季气候受南亚季风影响降水较多，

冬季气候受西风影响寒冷风大，

存在明显的季节变化。

雨季降雨频繁冰雪无常，

冬季气温极低降水稀少，

峰顶平均气温在 −30℃，

且常年伴有局地大风。

山上很多区域常年积雪，

峰顶空气稀薄，

太阳辐射强。

珠穆朗玛峰南北坡气候差异很大，

南坡降水丰沛，

具有海洋性季风气候特征。

北坡降水稀少，

呈大陆性高原气候特征。

珠峰地区的天气瞬息万变

珠峰复杂多变的气候

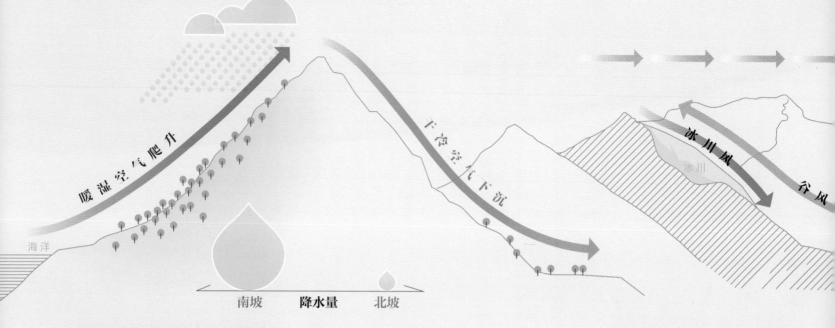

南坡　　**降水量**　　北坡

喜马拉雅天然屏障示意图

当印度洋暖湿气流遇到喜马拉雅山脉这座屏障时，由于空气中富含的水汽在遇到山脉阻挡后凝结落下，造成迎风坡所在的南坡多雨温暖，南坡的降水量约为珠峰北坡的6~7倍，而当空气继续爬升翻越珠峰后，水汽已所剩无几，所以北坡的青藏高原干燥寒冷。喜马拉雅山脉中段南北两段距离仅仅相隔不足100千米，但山脉南北两侧的雨季到来时间竟相差一个月！山脉南北雨季开始期的巨大差异，也从一个方面显示了喜马拉雅山脉对印度洋暖湿气流的屏障作用之巨。

冰川风形成原理示意图

喜马拉雅山脉复杂的地形和强烈的太阳辐射形成地区独特的大气环流系统以及气候和环境特征，山地大气科学和环境科学研究的实验室。例如在北坡绒布河谷发现的"冰川风"，并不像一般山盛行的山谷风，由于冰川面积大，造成珠峰北坡上的气温几乎昼夜都低于山谷同高度的气温，从乎全天都盛行下山风。

副热带西风急流示意图

春、夏季，珠峰作为地球上最接近太阳的地方，吸收的热量也最多。珠峰就相当于巨大的热源，加热着大气，再将热量向四方传播，温暖周遭，而珠峰下风方向的空气受热最多，如同野外烧火取暖，火源下风处最暖和。虽然青藏高原对于下游大气也有类似加热作用，但珠峰由于海拔最高，对下游的加热作用也最显著。由于珠峰对于大气的强烈加热，使得珠峰北侧南北向温度梯度（3~6℃/纬度）远远大于全球平均水平（0.8℃/纬度），更易形成热成风，风速随高度增加而迅速增强，与珠峰上空盛行的副热带西风急流叠加，使得急流中心高度降低，表现为珠峰北坡的攀登者往往受到大风带来的冻伤。

在海拔8000米高度（此时大气压强降低到约370百帕，温度低于-20℃），存在着全球著名的西风急流——副热带西风急流，西风速度可以达到40米/秒（12级以上），超过台风风速。

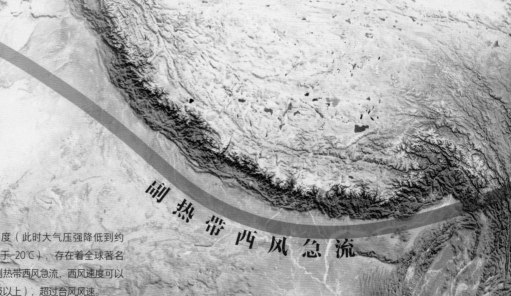

由于珠峰海拔高，

与自由对流层大气最为接近，

所以也就使其成为北半球地表与对流层、大气能量和物质交换的重要通道。

珠峰高大的山体、复杂的地形，
不仅塑造了珠峰独特的环境，
还导致了复杂多变的天气。

尤其是大自然的使者——风，
在一天内常出现"小时级"变化。

珠峰顶上不断形成的对流性积状云，
也受高空强风影响而起伏，
远望宛如一面旗帜飘挂在珠峰峰顶，
这就是闻名遐迩的世界奇观——珠峰旗云。

旗 云

旗云的形成需要三个基本的要素：成云条件、孤立山头、强风。成云条件促成了云的形成；孤立山头能够阻挡强风，保证云能够自由发展到一定的高度；强风把云顶削平形成旗帜的形状。

旗云的形状、厚度和方向还受不同的天气系统的影响，可以根据旗云飘动的位置和高度推断峰顶风力的大小，还可以根据风向变化预报天气。因此，旗云还是"世界上最高的风向标"和当地天气变化的"晴雨表"。

成云条件 ＋ 孤立山头 ＋ 强风

旗云形成的三要素

强风

湍流

水平汇聚

低气压

暖湿空气
背风面

干冷空气
迎风面

珠峰旗云：世界
上最高的风向标

冰冻圈

印度洋丰沛的水汽，

总能凭借强大的南亚季风，

被源源不断地输送到青藏高原，

让这里的喜马拉雅山脉形成了世界上海拔最高的冰雪之库——喜马拉雅冰川。

面积总计约 1.8 万平方千米的冰川，

瑰丽多姿、美不胜收。

仅以珠峰地区而言，

珠峰南、北部地区有 2438 条冰川，

总面积 3271.4 平方千米。

其中中国境内的珠峰自然保护区分布有 1476 条冰川，

面积为 2030.5 平方千米。

珠穆朗玛峰所在之地，
如同"冰川家族"的聚集地，
广泛分布着冰斗冰川、悬冰川和山谷冰川等各种类型冰川。

在这晶莹剔透的冰川世界里，

以大型山谷冰川为主。

珠峰北坡的绒布冰川是一条典型的复式山谷冰川，

由西绒布、中绒布和东绒布三条冰川汇合而成，

全长超过 25 千米。

绒布冰川地处珠穆朗玛峰脚下海拔 5300 米到 6300 米的广阔地带，

而海拔 5200 米处的冰川末端堆积起数十米高的冰碛物，

昭示着冰川运动的巨大力量。

珠峰地区
发育的冰川

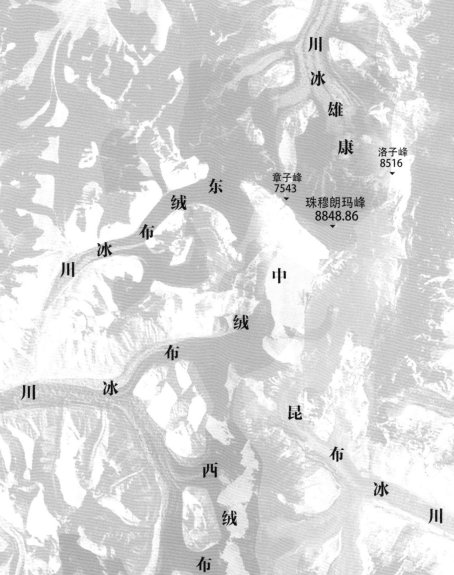

川
冰
雄
康

洛子峰
8516

章子峰
7543

珠穆朗玛峰
8848.86

东
绒
布
冰
川

中
绒
布
冰
川

昆
布
冰
川

西
绒
布
冰
川

冰川在大自然的鬼斧神工之下，
被塑造成冰塔林、冰洞、冰湖等众多形态各异的奇观。
大大小小的冰湖犹如宝石点缀在冰舌表面。

由于全球气候变暖，
冰川消融加剧，
在绒布冰川海拔 5300 米处的冰碛表面形成了一个面积 50 多万平方米的冰湖。
海拔 5700 米以上，
则有雄伟壮丽的冰塔林。
冰塔高度为数米至数十米不等，
其形貌如丘陵或金字塔。
有的冰塔表面有密集的浅圆形消融坑晶莹闪耀，
有的冰塔间有星罗棋布的冰湖十分奇妙，
有的冰塔内部又形成了冰洞、冰帘、冰钟乳石、冰柱和冰笋，
好似天然形成的冰雕群，
千姿百态，
鬼斧神工。
珠峰南坡的昆布冰川，
其上段悬挂在山体上，
形成了气势磅礴的昆布冰瀑。
在昆布冰川下段，
分布着厚厚的冰碛物，就像一条碎石被。
海拔 5360 米的珠峰南坡登山大本营，
就坐落在冰川的表碛上。

消融的冰塔林

地形塑造师
——冰川

海拔五六千米以上的高山上的积雪不断积累，经过成冰作用形成冰川，并沿着山坡缓缓往下流动和滑动。绒布冰川、康雄冰川和昆布冰川三条冰川把珠穆朗玛峰四周的山谷侵蚀成纵深、圆润的 U 字形。

冰川经过的地方，岩石被冰川侵蚀，从岩石体上脱落。冰川过后，露出的地方都很陡峭

川作用下形成U形的槽谷，谷两边很陡峭

岩石的碎块冻在冰川的冰中，叫作冰碛

角峰，指由几个冰斗所围成的山峰，因冰斗后壁不断后退，使所围山峰成为高耸尖锐的金字塔形山峰

刃脊，随着冰斗的不断扩大，斗壁后退，相邻冰斗间的岭脊渐渐变成刀刃状山脊，称为刃脊

冰川携带着岩石像凿子一样打磨着峡谷的谷壁和谷底，称为刨蚀作用

冰川融化形成冰湖

冰斗，冰蚀作用造成的三面环山的半圆形洼地，一般在雪线附近，由寒冻风化、冰缘作用和冰川掘蚀等形成

高大挺拔的冰塔林

冰川各部分运动速度不同，导致冰川表面形成裂隙，这些裂隙将冰川分割成一个个冰块。冰块上部受到太阳辐射较多，消融快；下部受到太阳辐射较少，消融慢。这种差异辐射使冰块逐渐形成一个个耸立的冰塔。

位于东绒布冰川的冰塔林，其规模和面积已经逐年缩小，
但身处其中仍能感到无比震撼

水　圈

珠峰北坡脚下的绒布河，

是由冰川融水汇集而成。

冰川的强烈消融导致近期径流增加，

为下游地区提供了更多的水资源。

但是从长期看，

如果气候持续变暖，

冰川持续消融、退缩，

冰川融水径流最终将减少甚至消失。

珠峰所在的喜马拉雅地区是冰湖分布最为集中的区域。

冰湖是冰川消融和退缩后在冰川表面或前端形成的湖泊，

在冰崩、雪崩等外力作用下，

容易发生冰湖溃决，

对下游人民生产生活和基础设施造成重大影响。

喜马拉雅地区冰湖数量从 1990 年的 4549 个增加到 2015 年的 4950 个，

冰湖面积增大了约 14%。

在青藏高原，

有 210 个冰湖威胁到人类定居点，

其中具有极高危险性的冰湖有 30 个，

它们集中分布在喜马拉雅山中段的吉隆县、聂拉木县和定日县。

可以预见，

未来冰湖溃决的风险将会增加。

珠峰冰川融水汇成的绒布河，是世代生活在珠峰脚下的人民
与"第三女神"生生不息的纽带

珠峰脚下的冰湖

生物圈

珠峰高耸的山脉涵养了数之不尽的动植物，
也给人类的文明带来全新的底色。
各类动植物在这里展现出了惊人的生命力。

据调查，

珠峰自然保护区有被子植物 2106 种、裸子植物 20 种、蕨类植物 222 种、

苔藓植物 472 种、地衣植物 172 种、真菌 136 种。

珠峰因地处亚热带，

海拔高、山体大，

呈现出立体化的气候，

与之相对应的，

则是植被带的垂直分布。

从低山热带季雨林带、山地亚热带常绿阔叶林带，

到山地暖温带针阔叶混交林带、山地寒温带针叶林带，

到亚高山寒带灌丛草甸带、高原寒冷半干旱草原带，

再到高山寒冻草甸垫状植被带、高山寒冻冰碛地衣带，

这里几乎汇聚了赤道到北极的所有典型植被带类型，

具有无与伦比的植物多样性。

位于西藏自治区日喀则市吉隆县吉隆沟内被雪山、森林与农田围绕的扎村，俨然一幅古朴的桃源美景

珠峰自然带垂直分布及多样的植物

高山冰雪带
6000 米以上

高山寒冻冰碛地衣带
5600 ~ 6000 米

北翼半干旱高原湖盆区

高山寒冻草甸垫状植被带
5000 ~ 5600 米

高原寒冷半干旱草原带
4000 ~ 5000 米

6500 米

6000 米

5500 米

5000 米

4500 米

4000 米

3500 米

3000 米

2500 米

2000 米

1500 米

珠峰独特的垂直自然带

高山冰雪带
5500 米以上

高山寒冻冰碛地衣带
5200 ~ 5500 米

高山寒冻草甸垫状植被带
4700 ~ 5200 米

亚高山寒带灌丛草甸带
3900 ~ 4700 米

山地寒温带针叶林带
3100 ~ 3900 米

山地暖温带针阔叶混交林带
2500 ~ 3100 米

山地亚热带常绿阔叶林带
1600 ~ 2500 米

低山热带季雨林带
<1600 米

南翼湿润、半湿润高山峡谷区

6400 米

鼠麴雪兔子

鼠麴雪兔子无疑是适应极高海拔能力最强的高等植物了。它创造了 6400 米的高海拔分布记录，达到了高山冰雪带的高度。

菊科小果雪兔子

菊科三指雪兔子

菊科雪兔子

菊科雪兔子与它同处菊科的其他一些雪兔子，如小果雪兔子，因背负"雪莲"之虚名，惨遭大规模采集。

4700 米

蓝色多刺绿绒蒿

绿绒蒿属于高山灌丛草甸或草甸状植被带常见的罂粟科家族，分布在北坡的蓝色多刺绿绒蒿，是绿绒蒿属海拔最高的种。

罂粟科康顺绿绒蒿

罂粟科吉隆绿绒蒿

康顺绿绒蒿和吉隆绿绒蒿，花朵为红色，绽放在康顺冰川和吉隆沟。

4500 米

髯花杜鹃

杜鹃是介于珠峰地区森林和草甸之间的优势灌丛植被之一。在高处，髯花杜鹃可以生长到 4500 米以上的冰川边缘的高度。

2700 米

林生杜鹃

林生杜鹃可以混生于高大的针叶林带，到达 2700 米的高度。

3900 米

密叶红豆杉

在 3900 米以下，就进入了丛密的森林。1975 年，第一次青藏综合科学考察队在西坡的吉隆沟，发现了我国的一个新树种——密叶红豆杉。

这里同样是动物界的"世外桃源"。已知在珠穆朗玛峰地区生活的动物包括鸟类 342 种、哺乳动物 81 种、两栖动物 9 种、爬行动物 11 种、鱼类 17 种。

斑头雁

因每年迁徙需要飞越喜马拉雅山脉，而被称为"世界上飞得最高的鸟"。夏季繁殖于青藏高原的湖泊中，越冬于印度、尼泊尔以及雅鲁藏布江沿岸。人们曾经以为，斑头雁在迁徙中一直保持在珠峰以上的高度，却不知，它们就像坐上了"过山车"，迁徙中飞越喜马拉雅山脉时，距离地面的最低高度仅有 60 多米。

高山兀鹫

天空中飞得最高的鸟类之一,敏锐的视力不放过地面上的任何食物。它们是环境的清道夫,维持着清洁的环境。

黑颈鹤

唯一终生在高原生活的鹤类,也是世界上被人类发现最晚的鹤种,鹤立鸡群是它们的真实写照,荤素不忌也是它们的食性自由。在冬季雅鲁藏布江沿岸的农田里,同域分布是黑颈鹤、斑头雁和赤麻鸭的生活方式。

棕尾虹雉

是林间的那一抹蓝紫，惊鸿间已飞越森林和
草原，冬季的枯草就是它们最好的保护色。

星鸦

一种典型的针叶林鸦科鸟类，成对或单独生
活，偶见小群。活跃在针叶林间，以松子为食。
与其他鸦科鸟类不同，它们夫妻双方共同轮
流孵卵。

雪豹

是生活在海拔最高处的食肉目猫科豹属动物。由于其常年在雪线附近的冰天雪地活动，被称作雪豹。它们可以耐受－40℃的低温，是最耐寒的猫科动物之一。雪豹能够在陡峭山体间如履平地，几乎与身体等长的尾巴不仅能保障平衡，还可在冰天雪地中协助保持体温，尤其是腹部长约10厘米的毛发，让它们更加适应珠峰的天寒地冻。雪豹是岩羊的主要捕食者。

岩羊

能够在陡峭的悬崖峭壁间攀爬跳跃，得益于矮壮的体型以及宽大的蹄部，重心低有利于峭壁间维持平衡，宽蹄适合陡坡行走，也能在流石滩上健步如飞。

藏野驴

个大，集群，有属于自己的"驴脾气"，喜爱和汽车赛跑。一有汽车经过，它们便进入备战状态，和汽车并排前行，直至横穿过车前，随后停留在原地，望着汽车这一手下败将，摆出胜利者的姿态。

高原兔

和其他小型哺乳动物一样，高原兔是大多数食肉动物的首选食物。为了适应高原寒冷多变的气候，高原兔有着长长的卷曲被毛，有效隔绝了外界的冷空气。同时，集群生活降低了个体的捕食风险。

喜山长尾叶猴

尾长，食叶为主，偶尔取食果实，或少许昆虫。在树上生活，出没于河谷两旁林间石崖上。动作极为敏捷，刚闻其声，就在眨眼间消失在视野范围外。日间常在林中上下迁移，群中个体数量可达 20 余只。

人类圈

青藏高原这片土地，
历史之悠久，
文明之璀璨，
由来已久。

早在 16 万年前，
远古人类便踏上青藏高原，
留下了旧石器时代的痕迹。
约 3600 年前，
华北古老的粟黍种植者，
把耐寒的大麦带到高原高海拔地区，
促进了农业的发展，
人类才得以在世界屋脊上永久定居。

珠峰脚下收获忙

通往珠峰的蜿蜒公路使更多旅游者能够
更快更安全地领略到珠峰的美丽

珠峰地区是世界上最洁净的区域之一。
但是人类活动对该地区环境有重要影响，
南亚地区人类活动的排放物可跨越喜马拉雅山脉传输到珠峰地区。

珠峰雪冰中的痕量元素浓度与南北极地区雪中的浓度大致相当，

远远低于受人类活动影响强烈的城市地区。

从这个方面看，

珠峰仍属世界偏远地区大气环境背景水平。

不过，珠峰大气环境仍存隐忧。

珠峰地区在春季受南亚生物质燃烧的跨境传输影响。

每年冬春季节，

南亚工业生产排放的黑碳等污染物，

在喜马拉雅山脉以南形成大气棕色云，

在西南风的传输下来到珠峰地区，

对区域气候和环境等造成一定的影响。

但一系列环境保护与生态建设工程的实施，

正促进当地的经济发展和环境保护进程。

卫星影像显示南亚地区人类活动排放的污染物
可以跨过喜马拉雅山脉

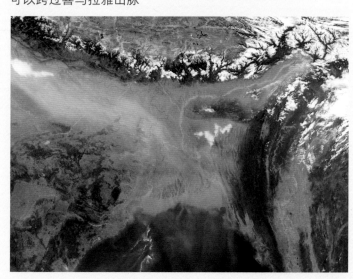

拉萨一日喀则直达特快旅客列车
正行驶在夏日青稞地旁的大桥上

珠峰地区独特的自然资源禀赋，

为打造世界旅游目的地科学新地标提供了示范。

独特的冰雪风光和人文历史，

造就了珠峰地区独一无二的旅游资源。

亚东口岸、樟木口岸和吉隆口岸，已成为中国连接南亚的重要通道。

"中国最美边境风景道" 219 国道通向这里，更是将边境最美风景串联。

拉日铁路的开通，日喀则机场的通航，让这里和世界连接互通。

每年四面八方的游客来到珠峰，

感受 "地球之巅" 的全新传奇正在由新时代的人民浓墨重彩来书写。

219 国道新藏线示意图

叶城县

班公错
日土县
噶尔县

玛旁雍错

—— 建成
······ 未建成

仲巴县
萨嘎县
吉隆县
聂拉木县
定日县
希夏邦马峰▲
珠穆朗玛峰▲
定结县
马卡鲁峰▲
岗巴县
康马县
洛扎县
隆子县
错那县
朗县
米林县
墨脱县
察隅县

雅 鲁 藏 布 江

攀登珠峰

走近

地球

之巅

走近

地球

之巅

珠峰攀登史

山高人为峰，

峰为山之魂。

会当凌绝顶，

一览众山小。

登顶珠峰，

领略峰峦的奥妙，

探索大自然的神奇，

始终是人类保持好奇心，

孜孜以求的不绝向往。

**当最高山峰的自然之奇和圣洁女神的
传说之美融会一体，
强烈的吸引力让人类对这座山峰有了
攀登的渴望。**

珠峰每年都吸引不少来自全世界的渴望登顶地球之巅的攀登者

人类首次登顶珠峰

1953 年，埃德蒙·希拉里和丹增·诺尔盖代表全人类首次登上了世界第一高峰。丹增·诺尔盖在回忆当年登顶的情景时说："（站在顶峰）我看到了前所未有、今后也不会再看到的景象，这种感觉既美好又恐怖。当然恐惧不是我当时唯一的感觉，我太热爱这座雪山了！对于我来说，峰顶上所见到的不仅是岩石和冰，所有的一切都是温暖的、富有生气的。"

1921 年，
人类拉开了探秘珠峰的序幕。
英国登山家乔治·马洛里的名言"因为山在那里"
激励了无数敢于探索、勇于攀登的人。

1953 年 5 月 29 日，

来自新西兰奥克兰的埃德蒙·希拉里和他的同伴

丹增·诺尔盖，

第一次从南坡登顶珠峰，

并在峰顶向南北分别遥望尼泊尔和

中国西藏的美景。

自此全世界的登山者开始了对珠峰络绎不绝的攀登。

然而从中国境内北坡登顶珠峰的纪录，

却是中国人的荣耀。

丹增·诺尔盖（左）、埃德蒙·希拉里（右）

（右起）王富洲、贡布、屈银华

1960年5月25日凌晨4时20分，
王富洲、贡布、屈银华三位中国登
山队队员从北坡登顶珠峰，
中国人的足迹第一次留在地球之巅。

没有先进的技术装备，

甚至没有提前铺设好的保护绳和成熟的攀登路线，

但奇迹出现了。

或许是珠峰女神对同胞的温柔，

或许是中华大地对子民的热情，

使中国人创造了人类首次从北坡登顶珠峰的纪录，

成就了世界登山史上的壮举。

千万年沧海桑田，

多少人欲比天高，

五星红旗就此飘扬在地球之巅。

1960年，中国登山队队员攀登珠峰

人类太多的纪录被不断刷新。

1975 年 5 月 16 日，

来自日本的田部井淳子成为世界上第一位成功登上珠峰的女性；

1975 年 5 月 27 日 14 时 30 分，

中国登山队的 9 名勇士（含 1 名女队员），

再次从北坡登上珠穆朗玛峰。

中国登山队女队员——潘多，

不仅成为世界上第一个从北坡登上珠峰的女性，

而且在顶峰进行了心电测试工作，

留下世界登山史的佳话。

1975 年，中国登山队登顶珠峰

1975 年，中国登山队队员攀登珠峰

1988 年，中国、日本、尼泊尔三国联合登山队在珠峰峰顶会师

1978 年，

意大利登山家莱茵霍尔德·梅斯纳尔没有携带任何供氧设备，

也成功登顶珠峰，

创下了人类登山史上第一次无氧登顶珠峰的纪录。

1988 年 5 月 5 日，
由中国、日本、尼泊尔三国联合登山队首创了
从南、北两坡双跨珠峰会师的伟大壮举。

1990 年 5 月 7 日至 10 日，

由中国、苏联和美国三国联合组织的和平登山队，

共计有 20 名队员登上珠穆朗玛峰峰顶，

成为 20 世纪 90 年代第一项大型国际合作的登山运动，

创造了攀登珠峰登顶人数的新纪录，

也为国际登山运动作出了重大贡献。

1993 年 5 月 5 日，海峡两岸珠穆朗玛峰联合登山队 6 人成功登上珠峰。

1997 年 5 月 29 日，中国、巴基斯坦友谊联合登山队登顶珠峰。

1998 年 5 月 24 日，中国、斯洛伐克联合登山队登顶珠峰。

1999 年 5 月 27 日，来自中国登山队的 10 名队员登上珠峰，

采集了第六届全国少数民族运动会圣火的火种。

队员边巴扎西在峰顶停留了 138 分钟，

打破了次仁多吉从 1988 年以来保持的 99 分钟峰顶停留时长纪录。

另外，仁那和吉吉成为同时登顶珠峰的第一对夫妻。

而桂桑成为世界上第一位两次登上珠峰的女性。

2003 年 5 月 21 日、22 日，

中国业余登山队分两批首次登顶珠峰。

2005 年 5 月 22 日，
中国珠峰高程测量登山队 15 名队员成功登顶珠峰，
并顺利完成了测量工作。

同年，
中日女子联合登山队登顶珠峰。
2007 年 5 月 9 日，
珠峰北京奥运会火炬测试队 17 人登顶珠峰并测试成功。

通过冰裂缝

每个队员在通往北坳 7028 米的一号营地的途中都要跨过一条宽达 6 米的冰裂缝。队员们会小心翼翼地从由几把金属梯子接成的临时桥上走过，桥下便是无底的深渊。

2005 年，中国珠峰高程测量登山队成功登顶珠峰

珠峰峰顶到底
什么样

2008 年 5 月 8 日，
在举世关注的北京奥运会火炬传递活动中，
19 名奥运火炬手在珠峰峰顶成功进行了
北京奥运会火炬传递。
一团以"梦想"命名的火焰，
在一个前所未有的高度传递着希望。

这是人类首次在地球距太阳最近的地方点燃奥运圣火，

让奥林匹克运动史、中华民族伟大复兴征程和人类文明发展史，

都有了新的具有象征意义的注解。

中华人民共和国国旗、北京奥运会会旗与国际奥委会会旗飘扬在珠峰山脚下

2008 年 5 月 8 日，北京
奥运会的第一棒火炬在
珠峰峰顶点燃

2008 年 5 月 8 日，北京
奥运圣火珠峰传递登山
队成功登顶珠峰

奥运火炬登上
珠峰

2020 年 5 月 27 日，
在中国人首次登顶珠峰 60 周年之际，
中国测量登山队选择再次从北坡攀登珠峰
作为特别的纪念。

这是精神的传递，

这是勇气的象征。

此次测量登顶，

中国国家测量登山队队员们前后共三次向珠峰峰顶发起冲锋。

测量登山队第一次预计于 12 日冲顶，

不料风雪茫茫无法前进。

第二次预计于 22 日冲顶，

也因为天气原因而不得不下撤到营地休整。

事不过三，

5 月 27 日，

测量登山队克服种种困难，

成功登顶并完成了珠峰高程测量任务，

在峰顶上工作了 150 分钟，

创造了中国人珠峰峰顶停留时长的新纪录。

12 月 8 日，

中国国家主席习近平同尼泊尔总统班达里互致信函，

共同宣布了珠穆朗玛峰最新高程——8848.86 米。

珠峰高程测量
登山队成功登
顶测量

2020 年，珠峰高程测量
登山队成功登顶珠峰

冰雪覆盖下的珠峰

如何攀登珠峰

如果想成为珠峰的攀登者，

需要做什么准备呢？

我们不妨以虚拟的方式，

还原一次从中国境内的北坡登顶珠峰的全过程。

攀登珠峰，

从来不是逞英豪的莽撞，

更非冒犯大自然的挑衅。

**而是以敬畏的心态和科学的理念，
树立正确的登山观，
端正亲近自然的态度。**

第一步，做好行前规划。

问一问自己，

为什么攀登？

去做些什么？去哪里？

什么时间去？和谁去？

怎么去？

当有了确切的答案后，还要知道带什么去。

第二步，装备准备就该提上日程了。

登山装备准备大致有服装、宿营装具、技术装备、

综合训练四大类。

登山装备准备

1 服装

羽绒衣裤、冲锋衣、冲锋裤，以及抓绒衣、抓绒裤、排汗内衣裤必不可少。防水手套、羽绒保暖手套、护耳保暖帽、毛袜、徒步鞋同样要记得放入背囊。

护耳保暖帽

高山雪镜

背包

软壳连帽衫

排汗内衣

羽绒衣

登山绳

羽绒手套

羽绒裤

冰镐

抓绒裤

高山鞋

冰爪

皮毛头盔

高山罩

氧气罩

法兰绒衬衫
真丝衬衫
羊毛套头衫
真丝衬衫
真丝羊毛背心

华达尼外套

羽绒裤

衬里羊毛长裤

衬里棉质长裤

羊毛袜

薄羊毛手套

现代登山装备

早期登山装备

2 宿营装具

大背包、小背包、驮包分类携带，睡袋、防潮垫叠放整齐，保温水壶、头灯、餐具收拾妥当。

3 技术装备

登山杖、高山靴、冰爪、雪套是亲密伙伴，冰镐、头盔、高山墨镜是护佑"神器"，坐式安全带、丝扣锁、简易锁是专用助手，手式上升器、八字环下降器、保护器、细绳、扁带是不二法宝。

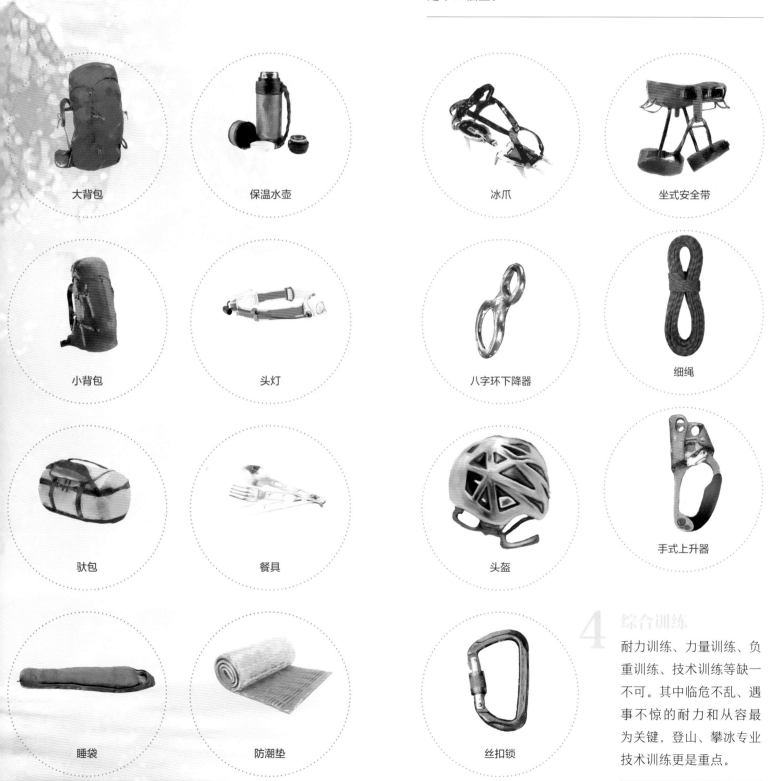

大背包

保温水壶

冰爪

坐式安全带

小背包

头灯

八字环下降器

细绳

驮包

餐具

头盔

手式上升器

睡袋

防潮垫

丝扣锁

4 综合训练

耐力训练、力量训练、负重训练、技术训练等缺一不可。其中临危不乱、遇事不惊的耐力和从容最为关键，登山、攀冰专业技术训练更是重点。

珠峰作为世界第一高峰，

其极高的海拔，

漫长的攀登周期，

大风、极寒气候以及复杂的地形，

对每一位登山者都是极限的挑战。

人类在大自然面前的渺小，

从古至今，

始终未变。

高海拔缺氧环境下导致的急性高山病，

若没有及时采取恰当的措施，

容易在短时间内导致人类死亡。

大风、大雪等恶劣天气和自然灾害，

极易导致登山者出现冻伤、体能衰竭、滑坠、掉入冰裂缝、失踪等危险。

生死分秒之间，

正是步步险难处处危机，

珠峰的魅力方才成为人类彰显自我勇气、不畏艰险的象征。

正是变幻无常气象万千，

珠峰的风采方才成为人类挑战自我、认知自然的追逐。

8680 ~ 8700 米

第二台阶

位于珠峰北坡一段近乎直立的
峭壁，也是登上珠峰的最后一
道关卡

高反症状

头痛、头晕，恶心，厌食，失眠，
全身倦怠，呕吐，尿量减少，
意识迟钝、步态不稳

高反预防

每天上升高差不宜过大，运动
强度不宜过大，及时补充水，
忌油腻、忌过饱、忌烟酒，保
障睡眠时间，注意保暖，积极
适应

高反治疗

氧气、高压氧舱治疗，下降海
拔

7500 米左右

大风口

大风口的最大风速可以将人吹
跑，也极易发生冻伤，是攀登
珠峰的第二个难点

肺水肿症状

咳嗽，白色泡沫痰，嘴唇、指
甲变青紫色，疲倦，昏睡，水
泡音，气短，脉频变快、节律
不规则

脑水肿和肺水肿治疗

立即行动，不可迟延。确实有
效的治疗方法有三种：下降海
拔高度、高压袋治疗和氧气治
疗。下降海拔高度是根本治疗；
高压袋、氧气治疗则是暂时救
急方法。药物可能有少许帮助，
但不可靠

6500 ~ 7028 米

流雪、裂缝

这里隐藏着无数的冰崩和雪崩
结构，是攀登珠峰的第一道难
关。通过这里时，要注意向上
查看，避免落冰、流雪、雪崩
的危险；同时也要注意向下查
看，避免裂缝区

脑水肿症状

头痛剧烈，喷射状呕吐，极度
倦怠，步态不稳，昏迷，共济
失调，无行动能力

失温原因

低温，大风，潮湿，疲劳

失温症状

肌肉发抖，意识茫然，心肺功
能衰竭等

失温处理

脱离失温环境，换掉湿衣服，
保持温暖、干爽，适当进食高
热量食物、饮品

冻伤原因

低温，低氧，大风，潮湿，裸露

冻伤症状

皮肤表皮层红肿、灼痛，数日
后消失；皮肤真皮浅层红肿、
水泡、剧痛，最后结痂；皮下
组织紫黑色、无痛感，留下瘢痕；
可能导致截肢

冻伤处理

判断是否复温；无菌绷带包扎、
保持干燥，36℃左右温水浸泡
20 分钟左右、2 ~ 3 次；伤口
清洁、包扎、换药、口服药物，
指关节活动，严禁雪搓、捶打

雪盲症状

刺眼，红肿，流泪，疼痛

雪盲处理

协助回营地，滴眼药水，戴眼罩、
闭目休息

18 条
攀登珠峰路线

时至今日，
从仰望圣境峰顶到攀登地球之巅，
登临珠峰顶端已经有多条攀登路线。

除了传统的南坡、北坡路线，

还有其他多条路线。

不过，

绝大多数的攀登者都是选择南北坡两条传统路线。

能够通过其他 16 条路线登顶珠峰的攀登者，

至今仅 100 余人。

18 条登山路线

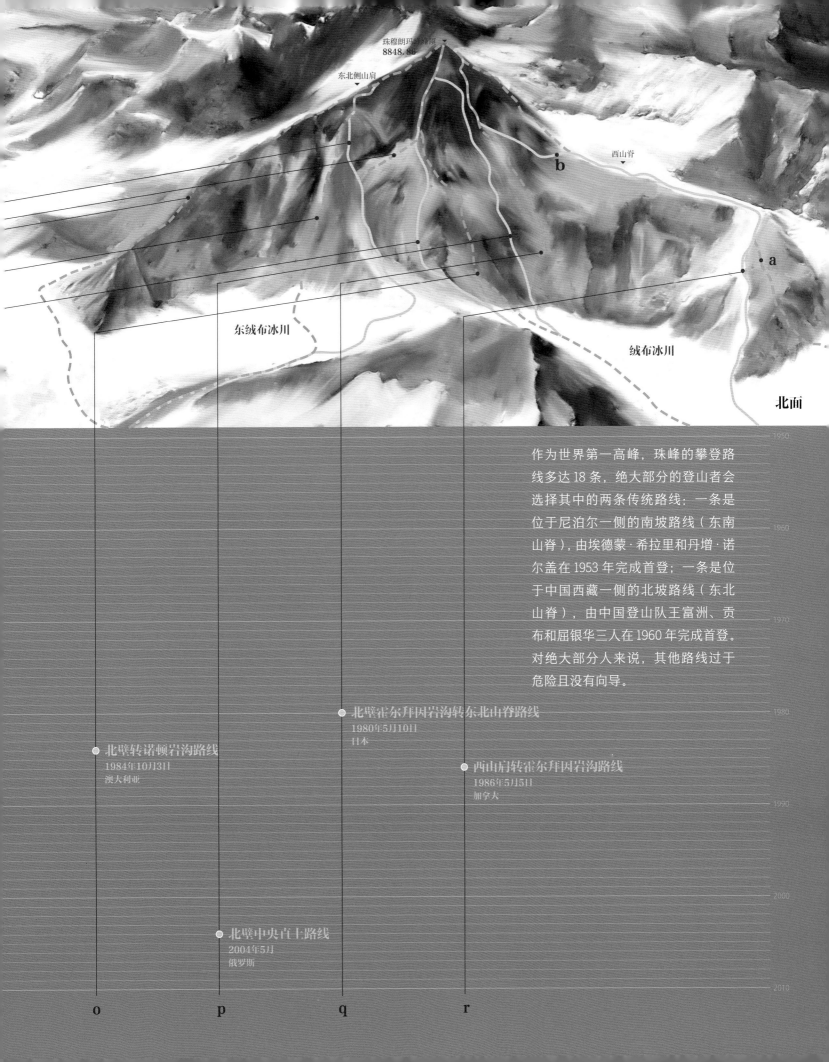

珠穆朗玛峰峰顶
8848.86

东北侧山肩

西山脊

b

a

东绒布冰川

绒布冰川

北面

作为世界第一高峰，珠峰的攀登路线多达 18 条，绝大部分的登山者会选择其中的两条传统路线：一条是位于尼泊尔一侧的南坡路线（东南山脊），由埃德蒙·希拉里和丹增·诺尔盖在 1953 年完成首登；一条是位于中国西藏一侧的北坡路线（东北山脊），由中国登山队王富洲、贡布和屈银华三人在 1960 年完成首登。对绝大部分人来说，其他路线过于危险且没有向导。

1950

1960

1970

北壁霍尔拜因岩沟转东北山脊路线
1980年5月10日
日本

北壁转诺顿岩沟路线
1984年10月3日
澳大利亚

西山肩转霍尔拜因岩沟路线
1986年5月5日
加拿大

1980

1990

北壁中央直上路线
2004年5月
俄罗斯

2000

o   p   q   r

2010

10 成功登顶

9 横切路线

8 第二台阶

7 8300 米的突击营地

6 7790 米的二号营地

5 7500 米的
大风口

4 7028 米的
一号营地

3 6600 ~ 7000 米的
北坳大冰壁

2 6500 米的
前进营地

1

从珠峰大本营出发

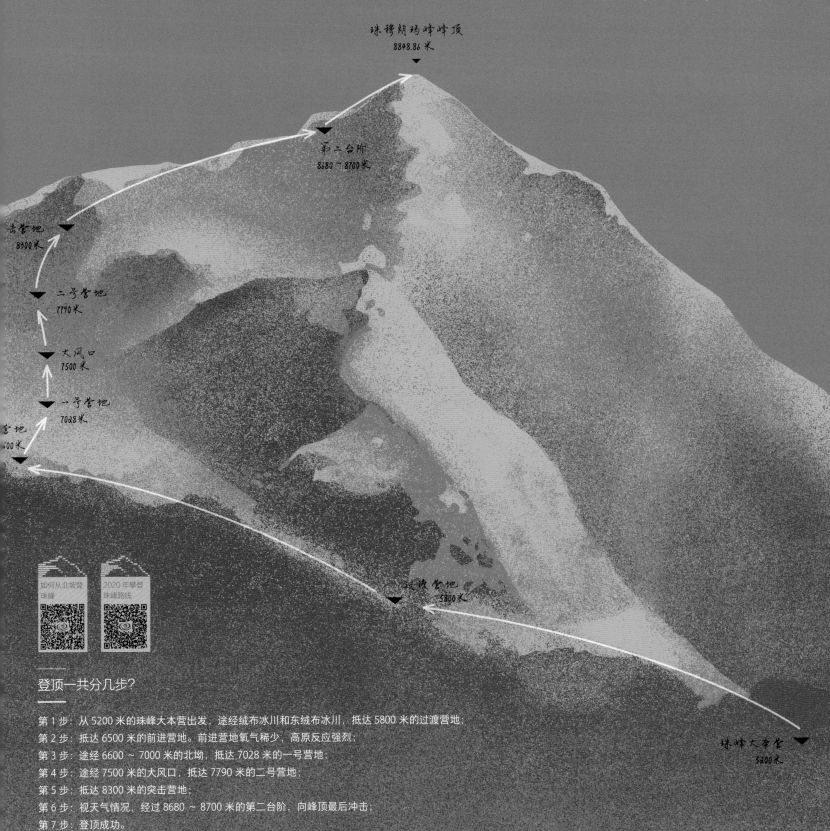

如何从北坡
登顶珠峰

珠穆朗玛峰峰顶
8848.86 米

第二台阶
8680 ~ 8700 米

击营地
8300 米

二号营地
7790 米

大风口
7500 米

一号营地
7028 米

营地
00 米

过渡营地
5800 米

珠峰大本营
5200 米

登顶一共分几步？

第 1 步：从 5200 米的珠峰大本营出发，途经绒布冰川和东绒布冰川，抵达 5800 米的过渡营地；

第 2 步：抵达 6500 米的前进营地。前进营地氧气稀少，高原反应强烈；

第 3 步：途经 6600 ~ 7000 米的北坳，抵达 7028 米的一号营地；

第 4 步：途经 7500 米的大风口，抵达 7790 米的二号营地；

第 5 步：抵达 8300 米的突击营地；

第 6 步：视天气情况，经过 8680 ~ 8700 米的第二台阶，向峰顶最后冲击；

第 7 步：登顶成功。

8 到达绒布寺
珠峰大本营

7 到达曲宗，
换乘环保车上山

3 持边防证，
通过边境检查站

行前规划

走近珠峰，首先要树立正确的户外出行理念，做好各种行前计划以及准备；其次是保证安全，去之前要进行体检，检测自己是否可以上高原；再次是注意环保，要保护生态，保护自然；最后是要文明出行。出发前，我们可以依据以下问题来进行行前规划：

为什么去？（目标要明确）

去做什么？（具体内容要明确）

去哪里？（选好符合目标和内容的地点）

什么时候去？（日程要详细）

和谁去？（组织方式）

带什么去？（所需装备）

怎么去？（交通、攀登方式）

2 前往定日县

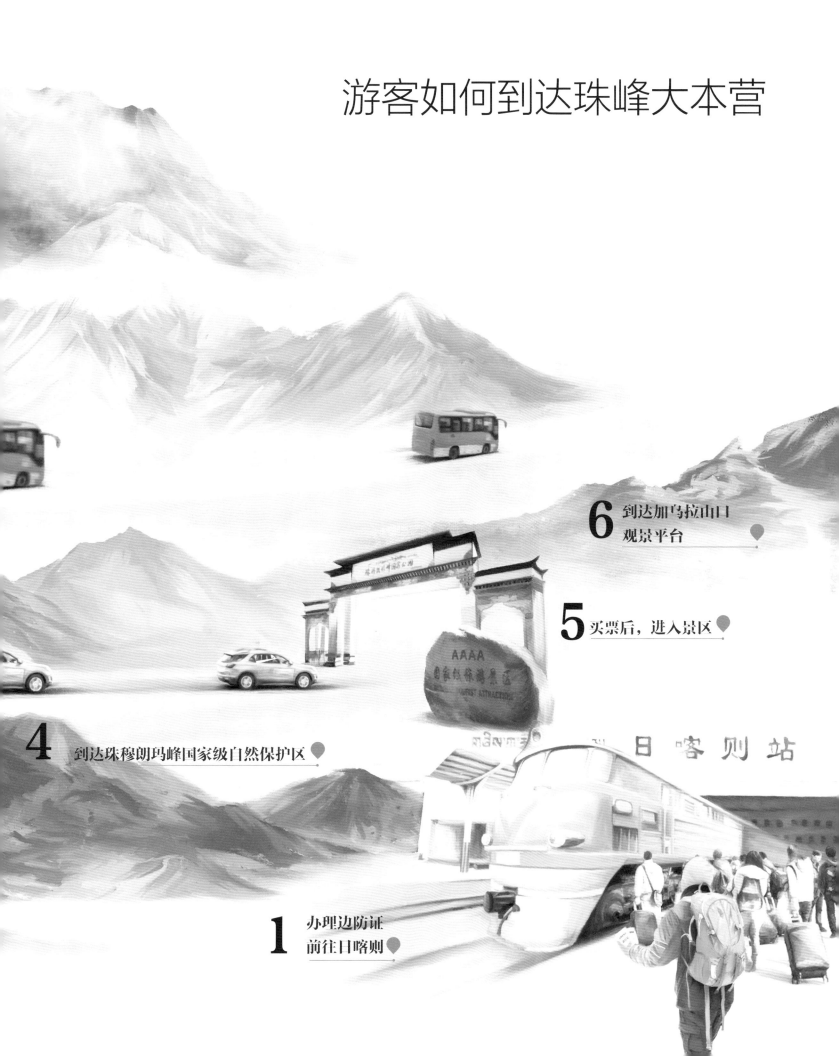

游客如何到达珠峰大本营

6 到达加乌拉山口
观景平台 ●

5 买票后，进入景区 ●

4 到达珠穆朗玛峰国家级自然保护区 ●

1 办理边防证
前往日喀则 ●

攀登地球之巅，

珠峰北坡传统路线是这样的：

从海拔 5200 米的中国境内的珠峰登山大本营出发，

徒步 4 ~ 5 个小时，

到达海拔 5800 米的过渡营地，

再徒步约 5 个小时后，

抵达堪称"魔鬼营地"的海拔 6500 米前进营地。

珠峰大本营

坐落在珠峰脚下一条狭长的山坳里，这里生活设施较为齐全，具备基础医疗保障，是攀登珠峰的重要出发点和后方基地。

过渡营地

又称"中间营地"，为满足登山者适应休息和运输物资等需要而设置的。攀登海拔 5500 米以上高峰时，一般设"基地营"和"中间营地"两种。前者是一次登山活动的指挥部和后勤供应总站，也称大本营。后者主要为登山者适应特殊环境（缺氧等）保障而设置。

前进营地

坐落于东绒布冰川旁的一片斜坡之上，是登山者攀登珠峰到达冰雪路面之前的最后一个营地，也是运送物资的牦牛能够到达的最后的营地。因其处于群山环抱之间，空气流通不畅，许多多次登顶珠峰的职业高山向导在这里也会有高原反应。

由于前进营地地处山坳，

通常会是登山者攀登过程中高原反应最严重的

一个营地。

前进营地也是雪线之前最后一个营地。

从前进营地向前徒步两小时左右，

便到达了换冰爪处。

著名的北坳冰壁赫然出现在眼前。
这是珠峰北坡路线的第一大难点。

这堵冰雪"城墙"，

曾在19世纪末20世纪初令西方探险家望而却步。

几百米的高度，

近乎垂直的角度，

密布的冰裂缝，

要求登山者必须掌握过硬的攀冰技术，

而且在某些地段只有借助梯子才能通过。

第一大难点

——北坳冰壁

位于海拔6600米到7000米之间的北
坳冰壁高差约400米，是攀登珠峰的
一个难关，冰壁坡度平均40度，最陡
处达70度。它是攀登珠峰四大难关中
的第一关，通过这一关，要求攀登者
必须有较好的冰雪行走和攀冰技术，
还要有一定体力和臂力才行。

登山队员紧握保护绳
向一号营地行进

登山者在北坳冰壁会耗费大量体力，
而海拔 7028 米的一号营地则是他们休息的场所，
可以睡在搭建在平整雪面上的帐篷里。

海拔 7028 米的一号营地

再向上攀登，

登山者将登上东北山脊，

也将暴露在珠峰骇人的大风中。

由于狭管效应，

海拔 7500 米的"大风口"路段，

并不会表现出对人类的热情迎接。

风大时登山者如果没有保护绳牢牢固定，

有可能被大风从山脊上吹跑。

顺利闯过大风口，

前进路线就进入雪岩混合的地带，

海拔 7790 米的二号营地出现在 一片斜坡之上。

大风是这个营地的特色，

气温低至 – 20℃以下。

登山者必须保持自己的体温，防止失温冻伤。

第二大难点
——大风口

位于海拔 7500 米处的大风口，有一条狭窄的地形通道，是攀登珠峰的必经之路。由于狭管效应，当强劲的西风吹入这条通道时，风速突然加快，最大可达 12 级。被大风吹走登山包、大范围冻伤都是常事。

走出二号营地，
登山者向峰顶前的最后一个营地，
即海拔 8300 米的突击营地进发。

至此，

珠峰峰顶将召唤着攀登勇士的到来。

不过，

这里到峰顶气象多变，

尤其中午和下午更是人类无法立足的自然狂舞时间。

怒吼的风、飞扬的雪、稀薄的空气，

让登山者只能选择凌晨或早晨出发，

以便给下撤留足时间。

最后的冲顶阶段，

登山者要行走在裸露的黄色岩层之上，

这就是海拔 8400 ~ 8600 米之间的"黄带"。

拔 7790 米的二号营地　　　　海拔 8300 米的突击营地

在海拔 8680 ~ 8700 米处，
登山者便将遭逢北坡攀登第三大难点——第二台阶。

这是一道高数米、几乎垂直的岩壁，

极难寻找攀爬支撑点。

曾有挑战此处的西方登山人士断言，

没有人能够逾越第二台阶。

可在 1960 年，

中国登山队队员刘连满甘当人梯，

让队友踩着自己的肩膀成功跨越了第二台阶。

1975 年，

中国登山队更是在此架设由几段金属梯组成的"中国梯"，

降低了攀登难度。

如今，

"中国梯"已经更新换代，

默默在第二台阶处为一代代攀登者保驾护航。

第三大难点
——第二台阶

第二台阶陡峭而光滑，人们几乎找不到任何攀登的支撑点。这里很早以前就被探险家们称为"不可逾越的第二台阶"。

登山队员正在通过第二台阶

闯过第二台阶，
就是横切路线，
它也被称为最后一道"鬼门关"。

这是一段仅能供一人通过的岩石绝壁，

非万分小心不可逾越，

若稍有不慎即功败垂成。

过了此处，

峰顶便近在眼前。

直到此时，

巍峨的珠峰之顶才会表达自己的热情，

用洁白的雪花作为圣洁的哈达，

欢迎着登顶健儿们的到来。

登山队员正在通过横切路线 >>>>　　临近顶峰 >>>>　　成功登顶 >>>>

一代代登山人，

前赴后继，

一往无前，

为登山运动的发展，

为珠峰认知的履历，

增光添彩，

孜孜以求，

从未止步。

为何选择凌晨出发冲顶？

一般来说，登顶者 13 点必须开始返回，因为下午风大，特别危险。其次，凌晨的雪不粘脚，队员们穿着 2 千克重的靴子，如果雪再粘在上面就非常危险。

为什么选择凌晨登顶

登山精神

不畏艰险、顽强拼搏

团结协作、勇攀高峰

测量
珠峰

[

E

珠峰测高史
如何测量珠峰

走近
地球
之巅

珠峰测高史

300 多年来，
珠峰测高历程见证了人类的勇气与豪情，
更一次次以日新月异的科技发展成果，
彰显了人类突破极限，
深度认知自然的伟大探索精神。

从高空俯瞰珠峰及周边地貌

皑皑白雪压顶，

萧萧朔风劲吹。

清康熙五十六年（1717年），

一位身穿长袍厚甲、手拿测绘仪器的官员，

和两位红衣喇嘛，

出现在雄伟的珠穆朗玛峰脚下。

这三位珠峰来客分别是理藩院主事胜住以及喇嘛楚尔沁藏布、兰木占巴。

他们受康熙皇帝委派，

为完成全国地图《皇舆全览图》的绘制，

从青海进入西藏测图，

得以一睹珠穆朗玛峰的容颜，

并在《皇舆全览图》上明确地标出其位置和名称，

称之为"朱母郎马阿林"。

这是人类第一次测绘珠峰，是中国人首次对珠峰的地理发现和命名。

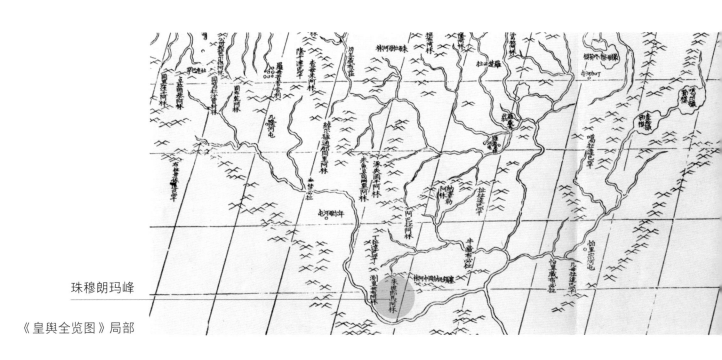

珠穆朗玛峰

《皇舆全览图》局部

清康熙铜镀金矩度全圆仪

珠峰测绘，

兹事体大。

就科学意义而言，

精确测定珠峰高程有助于科学家研究地球板块的运动规律，

使我们对地球的认识更加深刻。

于中国人来讲，

测绘珠峰是摸清家底、对自己疆域版图的悉知了解，

也是以中国智慧和中国气度为全世界贡献科学数据的机缘。

清乾隆十五年（1750 年）乾隆皇帝组织实测西藏地图，"珠穆朗玛阿林"被清晰地标注在《乾隆内府舆图》上，后来演变为如今的名字——珠穆朗玛峰。

遗憾的是，

限于当时的测量技术手段，

康熙与乾隆年间的两次测量，

都没有留下关于珠穆朗玛峰的高程数据。

当时光进入 19 世纪，

英国开始在印度进行大三角地理调查，

并于 1847 年开始勘察喜马拉雅山脉诸峰。

因无缘得见珠穆朗玛峰，

便将干城章嘉峰认定为世界最高峰。

1847 年 11 月，

英属印度测量局局长安德鲁·华欧的同事约翰·阿姆斯特朗，

观测到远处的珠穆朗玛峰比干城章嘉峰更高，

便称其为"b"峰。

1849 年，

华欧派遣詹姆斯·尼科尔森再次测量，

认为"b"峰高于干城章嘉峰。

华欧的助手米歇尔·亨尼斯基于罗马数字给山峰命名，

命名干城章嘉峰为第九峰（Peak IX），

"b"峰为第十五峰（Peak VX）。

1852 年，

数学家和勘探员拉德哈纳特·希克达尔，

在英属印度测量局总部，

基于尼科尔森的观测，

利用三角学计算结果，

确认珠峰为世界第一高峰。

晨光中的珠峰

1856 年 3 月，

英属印度测量局宣布干城章嘉峰高度为 8582 米，

而第十五峰（珠穆朗玛峰）的高度为 8840 米。

1880—1883 年及 1902 年，

英属印度测量局从大吉岭附近的 6 个观测站观测珠峰，

在未考虑垂线偏差的前提条件下，

算得的珠峰高程为 8888 米。

1907 年，

英属印度测量局又将孟加拉平原和大吉岭的观测结果联合计算，

算得珠峰高程为 8882 米，

曾为世界各国广泛采用。

时间来到 20 世纪，

1952—1954 年，

印度测量局征得尼泊尔同意，

把三角测量推进到尼泊尔境内，

在尼泊尔境内布设了一个长达 480 千米的地形三角锁。

在距珠峰 46 ～ 75 千米范围内，

设置了 8 个等高仪用以测定经纬度，

最终计算出珠峰雪顶高程为 8847.6 米，

较为接近珠峰的真实高程。

此次测量精度较高，

许多国家都改用此值。

远眺珠峰

云雾缭绕中的珠峰

中华人民共和国成立后不久，

中央人民政府提出"精确测量珠峰高度，绘制珠峰地区地形图"，

并将其列入新中国最有科学价值和国际意义的"填空"项目之一。

20 世纪 60—90 年代，

我国对珠穆朗玛峰进行了多次测量和科考。

1966—1968 年，

我国对珠穆朗玛峰及其毗邻地区进行了大规模的综合科学考察，

并在珠穆朗玛峰地区建立了高水平高质量的测量控制网，

开展了三角、水准、天文、重力、物理测距、折光试验等测量工作。

遗憾的是，

由于没有在珠峰顶端设置测量觇标，

也未测量峰顶冰雪厚度，

因此测量数据并未予以公布。

不过这次测量却为以后精确测定珠峰高程打下了坚实的基础。

珠峰的夜空星轨

1975 年，登山队员在峰顶竖立觇标

1975 年，测量队员在交会点进行测量观测

1975 年，

我国批准在 1966—1968 年测量的基础上，

对珠峰进行再次测量。

5 月 27 日，

9 名登山队员从北坡成功登顶，

第一次将 3.51 米的红色金属测量觇标竖立在珠峰峰顶，

为珠峰测量提供瞄准点，

分布在其他观测点的测量队员们同时将仪器对准觇标展开观测。

这次测量采用传统的经典测量法，

以三角高程测量方法为基础，

配合水准测量、三角测量、导线测量等方法获得有效数据。

1975 年 7 月 23 日，

新华社向全世界公布珠穆朗玛峰海拔高程为 8848.13 米，

该数据作为官方数据在国内外被广泛采用。

时光荏苒，

到了新世纪的 2005 年，

中国的测绘科技、设备都有了全新的突破。

为获得更为权威、精准的珠峰高程数据，

我国决定再次对珠峰高程进行测量。

2005 年 5 月 22 日北京时间 11 时 8 分，

中国冲顶队员成功登顶珠峰，

并在峰顶竖起 2.5 米高的觇标。

守候在东绒布、西绒布、中绒布等六个交会测量点的测量队员们，

打开经纬仪和全球导航卫星系统（GNSS）展开联合观测。

2005 年 10 月 9 日，
中国向世界宣布珠穆朗玛峰峰顶岩石面海拔高程为 8844.43 米，

同时也公布了这次测量的有关参数。

珠穆朗玛峰峰顶岩石面高程测量精度 ±0.21 米，

峰顶冰雪深度 3.50 米。

2005 年，测量队员在珠峰峰
顶竖立觇标

峰顶上的冰雪
到底有多厚

测量队员在大本营交会
点用 T3 经纬仪对珠峰进
行观测

测量队员用全站仪进行
测量

这次测量采用传统大地测量与卫星测量结合的技术方法，
首次使用雪深雷达探测仪取代人工插杆测量，
精确测得峰顶冰雪深度，
获得珠峰峰顶岩石面的海拔高程。

采用激光测距手段和先进的 GNSS 测量设备，

使相关精度比 1975 年大幅提高。

从地学角度上来看，

珠峰及邻近地区地壳的水平和垂直运动速率的变化，

揭示了印度板块与欧亚板块的相互作用力存在着不均匀的强弱变化。

而这种强弱变化，

正是引起我国大陆周期性地震活动的源动力。

而精确的峰顶雪深、气象、风速等数据，

对冰川监测、生态系统保护等方面的研究也具有重要的实际意义。

由于青藏高原地区是全球板块运动最为剧烈的地区之一，

珠峰的高程仍在不断变化，

人类一直在尝试利用新技术寻找更精确的珠峰高程。

2015 年 4 月，

尼泊尔发生 8.1 级大地震，

对珠峰高程产生了一定影响。

2018 年，

尼泊尔提出重测珠峰高程，

而我国提出联合进行珠峰高程测量的建议。

2019 年 4 月，

中国和尼泊尔达成"中尼两国共同发布珠峰新高程"的重要共识。

2019 年 10 月，

双方发表《中华人民共和国和尼泊尔联合声明》，

明确提出"双方将共同宣布珠峰高程并开展科研合作"。

2020 年，

我国组织实施了珠峰高程测量工作。

2020 珠峰高程测量登山队员在峰顶竖立觇标

2020 年珠峰高程测量有哪些技术创新？

一是首次运用我国自主建设、独立运行的全球导航卫星系统——北斗卫星导航系统提供的数据；二是在涉及的所有测量技术路线中全面采用国产测绘仪器装备；三是首次在珠峰北侧地区开展航空重力测量，提升珠峰地区高程起算面的精度；四是利用实景三维技术，直观展示珠峰自然资源状况；五是中尼两国科学家团队开展科技合作，首次共同确定了基于全球高程基准的珠峰新高程。

2020 年是人类首次从北坡成功登顶珠峰 60 周年，
也是中国首次精确测定并公布珠峰高程 45 周年，
再测珠峰具有重要的纪念意义。

为了这次珠峰高程的测量，

自然资源部第一大地测量队的 53 名测量队员，

从 2019 年年底起，

就已经在珠峰及外围地区陆续开展了一系列的前期基础测量。

2020 年 5 月 27 日 11 时，
中国测量登山队成功登顶珠峰，
并且在峰顶停留了 150 分钟，
创造了中国人在珠峰峰顶停留时长的新纪录。

测量队员在峰顶通过北斗卫星进行了高精度定位测量，

使用雪深雷达探测仪探测了峰顶雪深，

并使用重力仪进行了重力测量，

这也是人类首次在珠峰峰顶开展重力测量。

觇标竖立在峰顶后，

测量队员在珠峰周边海拔 5200 ~ 6000 米的 6 个交会点，

同步开展了峰顶交会测量和 GNSS 联测。

此次珠峰高程测量实现了依托北斗卫星导航系统开展测量工作，

国产测绘仪器装备全面担纲本次测量任务，

应用航空重力技术提升测量精度，

利用实景三维技术直观展示珠峰自然资源状况。

2020 年珠峰高程测量登山队登顶成功

队员们登顶后做了哪些工作？

第一，竖立觇标，便于交会点的测量队员瞄准，进行峰顶交会测量；
第二，使用卫星定位接收机测量峰顶的位置和高程；
第三，用雪深雷达测量峰顶雪深；
第四，使用重力仪进行重力测量。

登顶之后会做
哪些工作

2020 年，

这个新冠肺炎疫情肆虐、世界格局动荡起伏的特殊年景，

对珠峰高程的重新测量，

是中国人不畏艰险勇于攀登的象征，

也是中国力量、中国精神的生动写照。

中国测量珠峰的 45 年历程，

是我国测量技术不断创新突破的发展史，

更是炎黄子孙无愧先祖，

为实现中华民族伟大复兴中国梦之华彩篇章。

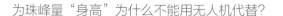

为珠峰量"身高"为什么不能用无人机代替？

专业测量人员登顶，有助于全球导航卫星系统（GNSS）等多种测量技术更精确地获取数据。觇标必须由人带上峰顶，有了它，在山脚下布设的观测点就能更精确地照准峰顶的测量目标，从而测得精确的角度和距离。GNSS接收机、雪深雷达和觇标等仪器都需要由人携带至峰顶。珠峰峰顶气流不稳定、多大风、气温低，测量型无人机目前尚无法在峰顶飞行，也尚无机器人峰顶作业经历。

为什么一定要
登顶测量

如何测量珠峰

2020 年精确测定珠峰高程，

综合运用了 GNSS 测量、精密水准测量、光电测距、

雪深雷达测量、重力测量、天文测量、卫星遥感测量、

似大地水准面精化等多种测绘技术，

我国自主研发的北斗系统也第一次运用于珠峰高程测量。

珠峰高程测量是多种技术手段的综合应用过程，

最终公布的珠峰高程，

是对多种数据进行综合处理的结果，

在对数据分析、处理的基础上，

还要进行理论研究、严密计算和反复验证，

才能确定珠峰精确高程。

此外，温度、气压、折光环境等因素都会对测量产生影响，

科学家需要通过复杂的计算消除误差。

这是一个系统工程，

大概需要 2～3 个月时间。

还要经过一定的审核程序，

才会得出珠峰的确切"身高"。

**重新测量珠峰高程是人类对自然世界
理性探索的科学研究的体现，
也是一堂生动的国民科普课。**

一个人的身高是从脚到头的距离，

珠峰也一样。

可珠峰的脚在哪呢？

当科学家们将地球静止的平均海水面向陆地延伸，

将地球包裹起来形成"大地水准面"，

珠峰海拔高就是指峰顶到大地水准面的距离。

因而，"高度"是口语的叫法，

专业称谓是"高程"，

是指地表点沿铅垂线方向到大地水准面的距离，

又称"海拔高"或"正高"。

大地水准面是一个虚拟存在的基准面，

是高程的"起算面"或"基准面"，

我们所说的"珠峰高程"就是相对于这个起算面的高度值。

珠峰交会测量

东绒3交会点

东绒2交会点

通过观测可得到S、α的数值
h=S × sin α

h 的高度

珠峰峰顶

东绒3交会点

S

α

雪面
岩石面

h

H_8

雪面大地高

雪面海拔高

雪面正常高

参考椭球面

似大地水准面

大地水准面

大地水准面差距

高程异常

在交会点和峰顶之间构建三角形，利用三角函数计算交会点到峰顶的高度差。

如何测量珠峰高程？

受地壳板块运动和地震等因素的影响，珠峰高程一直在发生长期性与随机性的变化，如何得到最精准的珠峰高度，需要综合运用各种测量手段和数据处理方法。外业采集到的各类相关数据，是未经改正与归算的原始观测数据。数据处理需要综合运用全球导航卫星系统测量、水准测量、三角测量、雪深雷达测量、重力测量、似大地水准面精化等多种测绘技术，经过一整套科学严谨的数据解算，才能获得国际公认的精确可靠的珠峰高度。

珠峰高程即珠峰海拔高。因地球表面地形起伏巨大，科学家们假设静止的平均海水面向大陆延伸，将地球包裹起来形成"大地水准面"，珠峰海拔高就是指峰顶到大地水准面的距离。然而大地水准面无法直接测量，由此把珠峰高程测量分成了两个阶段，两个阶段测量的数据相加就是珠峰的实际高程。

珠穆朗玛峰

珠峰海拔高

海 平 面 　 大 地 水 准 面 　 海 平 面

1 第一阶段 ⟶ 各交会点海拔

第一个阶段，以阶梯式的水准测量，从日喀则国家一等水准点向珠峰脚下布测数条水准线路。

2 第二阶段 ⟶ 峰顶觇标点相对交会点的高度差 h

在珠峰脚下设置6个交会点，为确保这些交会点都能观测到珠峰峰顶上的同一点，在峰顶架设了测量觇标。当觇标架设好后，6个交会点的测绘队员使用国产长测程全站仪进行观测。

峰顶觇标点相对交会点的高度差

h

$+$

交会点大地高

H_B

$+$

大地水准面差距

经过一整套科学严谨的数据解算

珠峰海拔
8848.86米

三分钟看懂珠峰高程

大地水准面
与平均海水面重合并延伸到大陆内部的封闭重力等位面，因地球表面起伏不平和地球内部质量分布不匀，故大地水准面是一个略有起伏的不规则曲面，大地水准面确定涉及到地球内部密度，无法通过地面测量数据直接确定。

似大地水准面
在海洋面上与大地水准面重合，在大陆地区与大地水准面接近但不完全重合，是用于计算的辅助面，通过地面测量数据可直接确定。

参考椭球面
处理大地测量成果采用的与地球大小、形状接近并进行了定位的椭球体表面。

大地高
地面点沿参考椭球面法线到参考椭球面的距离。

正高（海拔高）
地面点沿垂线方向到大地水准面的距离。

正常高
地面点沿垂线方向到似大地水准面的距离。

高程异常
似大地水准面与参考椭球面之间的高差。

大地水准面差距
大地水准面与参考椭球面之间的高差。

测量队员在交会测量点使用全站仪调试
仪器，进行实战演练，准备交会测量

由于世界上还没有一个十分精准的全球海平面模型，

全球高程系统的统一问题，

一直是国际大地测量界的难题。

各国采用区域平均海平面为基准定义"海拔高"，

而我国在确定高程时，

采用的是黄海平均海水面作为基准面。

国家依据这个基准面发布了"1985 国家高程基准"，

一直沿用至今。

觇标上有外形小巧的棱镜，能反射十几千米外全站仪发射的激光信号，仪器上则会显示出峰顶和交会点的角度以及距离

西绒交会点

中绒交会点

交会点

大本营交会点

它是依据青岛验潮站 1952—1979 年的海潮记录得到的海水面变化的"平均值"，

又称为"平均海水面"。

珠峰高程就是珠峰峰顶相对于黄海平均海水面的高差。

传统的珠峰高程测量采用水准测量，

也就是从我国青岛水准原点开始，

一路向西，

就像测量楼梯台阶高度那样逐段测量，

一直测到珠峰，

采用高程传递方法获得珠峰高程。

但这种测量方式不仅距离长，

而且路径十分复杂，

每次能测量的距离十分有限，

这导致高程传递误差大，

人力、物力和时间成本十分昂贵。

在极寒、地形极复杂、极度缺氧的珠峰地区，

采用水准测量与测距高程导线测量，

测得的高程仅达到海拔 6000 多米的地方，

海拔更高位置的测量使用的是三角高程测量技术。

测量队员在调试 GNSS 接收机

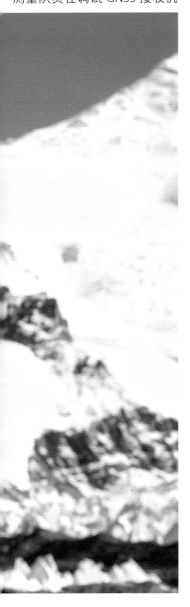

此次珠峰峰顶的定点重力测量和北坡 1.25 万平方千米的航空重力测量，
显著提升了珠峰地区大地水准面的精度，
为高精度的珠峰高程测量提供了历史最好的海拔高程起算基准。
因此这次珠峰高程测量的精度达到了"史上最高"。

水准测量

水准测量又称"几何水准测量"，是用水准仪和水准尺测定地面上两点间高差的方法。在地面两点间安置水准仪，观测竖立在两点上的水准标尺，按尺上读数推算两点间的高差。通常由水准原点或任一已知高程点出发，沿选定的水准路线逐站测定各点的高程。

测量队员进行水准测量

交会测量

交会测量是根据多个已知点的平面坐标或高程，通过测定已知点到某待定点的方向或距离，以推求此待定点平面坐标或高程的测量技术和方法。

───────
测量队员在调试全站仪，
进行交会测量
───────

2020 年的珠峰测量，由日喀则一等水准点起测，将高程传递至珠峰脚下 6 个交会点，再由 6 个交会点的测量队员通过长测程全站仪对珠峰峰顶觇标进行测距，该全站仪最长测程可达 20 千米。

峰顶觇标

觇标是测量时设置在三角点或导线点上供观测使用的标杆。
珠峰测量所使用的峰顶觇标是一个由 6 个棱镜组成的测量目
标，可以使 6 个交会点看到同一个目标并同时进行观测。

测量队员在峰顶架设觇标

觇标整体重量小于 5 千克，便
于携带运输，在峰顶方便安装
架设，能保证在峰顶南北侧同
时进行峰顶交会观测。顶部可
以安装 GNSS 天线，保证结构牢
固；底部可以固定到峰顶冰雪
混合物中，并且深度不小于 40
厘米；花杆使用铝合金材料，
其他部件使用铝合金或钛合金
材料，保证花杆强度高、重量轻。

峰顶觇标：取得
珠峰高程数据
的最高标志点

重力测量

由于各地重力值不同，测量的基准面并不是一个规则的椭球面，为了能够获得珠峰地区更精确的高程值，需要获取峰顶的重力值。

测量登山队需要使用重力仪开展珠峰的重力测量，再结合外围所开展的珠峰周边重力测量以及航空重力测量，能够显著提升珠峰地区大地水准面的精度，为高精度的珠峰高程测量提供更精准的海拔高程起算基准。

测量队员在峰顶进行重力测量测试

GNSS 测量

全球导航卫星系统（GNSS）测量是指利用全球导航卫星系统，测定地球表面任意一点的几何位置。2020 年这次登顶测量，首次使用了国产 GNSS 接收机，由测量人员携带至峰顶，接收以我国自主建立的北斗卫星导航系统为主的 GNSS 信号。

———

队员在调试 GNSS 接收机

———

珠峰高程测量采用的 GNSS 接收机是经过一系列抗低温、低压测试改进后的仪器设备，需要能够在极低温、低压条件下正常接受 GNSS 信号。同时，由于攀登珠峰峰顶非常艰难，峰顶测量必须确保一次成功，绝不允许返工，因此对设备的稳定性和可靠性要求非常高。通过这次珠峰测量，验证了中国制造的测量设备已经达到世界先进水平，中国人依赖进口设备进行珠峰高程测量的历史已一去不复返。

雪深测量

雪深测量通过雪深探测雷达透过一定深度的冰雪混合物探测岩石界面，获得珠峰峰顶冰雪层厚度，从而获得珠峰峰顶岩石面海拔高，并对检测位置实时定位，探测精度达到厘米级，探测深度至少 6 米。

雪深探测雷达设备

雪深探测雷达

我国自主研发的雪深探测雷达主要解决了三个问题：
1. 极端环境下北斗卫星观测数据和雷达数据存储及数据备份问题；
2. 北斗卫星定位信息和雷达探测数据同步问题；
3. 高精度北斗定位系统和雷达的集成，解决雷达信号和北斗卫星信号的屏蔽和互扰问题。

航空重力测量

航空重力测量的测量数据能够计算出更高精度的大地水准面（即海拔高程系统的起算面），可将珠峰地区大地水准面的精度提高到厘米级，最终获得更高精度的珠峰"身高"。

航空重力测量

自然资源部中国地质调查局自然资源航空物探遥感中心使用"航空地质一号"飞机执行航空重力测量任务。这是我国首次在珠峰及周边区域开展高精度航空重力测量。

我国首次在珠峰开展航空重力测量

陈永龄

大地测量学家，我国大地测量学的开拓者和奠基人。1965年提出求定观测珠峰时的大气折光系数和推求珠峰附近大地水准面起伏的方法，并于1975年测得珠峰海拔高程值为8848.13米，被誉为"珠峰测高第一人"。1980年当选为中国科学院学部委员（院士）。

陈俊勇

大地测量学家。1975年担任珠峰高程计算组组长，1991年当选为中国科学院学部委员（院士），2005年担任珠峰测量项目总技术顾问。

2020珠峰高程测量队队员

测 绘 精 神

热爱祖国、忠诚事业
艰苦奋斗、无私奉献

走近
地球
之巅

呵护生态高地

纵观人类文明发展史，

生态兴则文明兴，

生态衰则文明衰。

生态文明建设是关系中华民族永续发展的根本大计。

1988 年，

西藏自治区人民政府批准建立珠穆朗玛峰自然保护区。

1994 年，

珠穆朗玛峰自然保护区晋升为国家级自然保护区。

自然保护区总面积为 33819 平方千米，

是以保护极高山生态系统、山地森林生态系统、灌丛草原生态系统，

以及分布于其中的生物多样性为主，

同时保护当地历史文化遗产等的具有重大科学研究价值的综合性自然保护区。

巍然耸立的珠穆朗玛峰

珠穆朗玛峰国家级自然保护区

珠穆朗玛峰自然保护区成立于 1988 年 11 月，1994 年晋升国家级自然保护区，是目前世界海拔最高的自然保护区，覆盖了西藏定日、定结、聂拉木和吉隆 4 个县。

山麓冰湖

陈塘沟

2005 年，
珠穆朗玛峰国家级自然保护区被列为世界生物圈保护区。

在这片广袤的保护区内，

形成了以喜马拉雅山脉和藏南分水岭为骨架，

以高原湖盆、宽谷为基底，

由河流、湖泊、冰川、冰缘、风沙等多种地貌类型，

融汇组成的极其复杂的地表形态，

混合了高山生态系统、山地森林生态系统、灌丛草原生态系统及珍稀物种于其中。

保护区划分为脱隆沟、绒辖、雪布岗、江村、贡当、珠峰、希夏邦马 7 个核心区，

陈塘、聂拉木、吉隆、贡当、帕卓—卡达 5 个科学实验区。

**2017 年，
第二次青藏科考启动，
推动第三极国家公园群规划与建设。**

国家公园是全球范围内在工业文明时期创建的一个生态文明发展模式。

建设第三极国家公园群，

是实现珠峰可持续发展的战略选择。

以珠峰为代表的青藏高原生态系统极其独特且相对完整，

国家代表性突出，

作为亚洲水塔和气候变化的启动器、调节器，

全球生态安全功能显著。

在人类社会发展和全球自然环境变化历程中，

保持着自然和人文生态系统的相对原真性。

因其自然和人文生态系统的脆弱性、代表性、原真性和整体性都十分突出，

同时又是一片贫困区域，

建设国家公园，

是一种相对有效合理和可持续的国土空间保护开发途径。

通过保护不同区域生态功能，

建设具有全球意义的生态安全屏障体系，

通过培育具有独特性的游憩价值，

建成世界旅游目的地，

实现人与自然和谐共生并永续发展。

第三极国家公园群的建立，

将成为我国生态文明建设在全球具有代表性的绿色发展途径。

珠峰核心保护区

人与自然和谐共生

保护珠峰、保护青藏高原，
是捍卫物种生态多样性的栖息地
和全人类共有的自然人文遗产的重要举措，
是中国生态文明勃发兴盛的见证，
更是构建人类命运共同体的生动实践。

雪山脚下的村庄

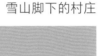

珠峰地区是世界上最独特的生物地理区域,

也是气候变化和生态环境的敏感区域。

在珠峰地区及其所处的青藏高原上,

珍稀物种、新种及特有种较多,

且分布较为广泛。

这里是最能完整体现地球系统圈层组成和

相互作用的地区,

可谓是集地球大成的宏伟展示。

青藏高原作为亚洲水塔,

在全球 78 个水塔单元中占据 16 个,

是全球最重要的水塔。

在全球气候变暖的大趋势下,

亚洲水塔正面临着冰川消融带来的挑战。

其变化对我国以及整个亚洲乃至全球气候

具有重要影响,

影响我国和"一带一路"沿线国家 30 多亿

人口的生存和发展。

人类攀登珠峰、测量珠峰是为了了解自然，

定期开展青藏高原科考、珠峰科考，

是为了摸清珠峰对全球、

对人类共同生活的家园的影响。

以中国科学院院士姚檀栋领衔的第二次青藏科考队，

在亚洲水塔变化与影响及应对方面取得重大突破，

提出了亚洲水塔"观测—模拟—预警"一体化

集成研究方案，

成为世界气象组织等国际组织的经典案例。

人类的每一次行动，
最终都将反馈给人类自身，
呵护珠峰的一草一木，
是我们每个人义不容辞的责任。

珠峰地区地理环境

如若漫游太空之上，

俯瞰蔚蓝色的地球，

你会清晰地看到青藏高原，

那座经天地造化而来的珠穆朗玛峰就屹立于此。

这座世界最高峰，

始终与数之不尽的文明息息相关，

与人类的命运和前途唇齿相依。

守护珠穆朗玛，
　　就是守护地球生态安全屏障。
　　守护蓝色地球，
　　　　就是守护人类赖以生存的共同家园。
　　　　让我们秉持创新、协调、绿色、
　　　　开放、共享的发展理念，
　　　　尊重自然、顺应自然、保护自然，
　　　　共促人与自然和谐共生，
　　　　努力构建人类命运共同体，
　　　　以更加矫健的步伐，
　　　走近地球之巅，
　　奋进科学之巅，
　永攀精神之巅。

参考资料

[1] 安宝晟，程国栋．西藏生态足迹与承载力动态分析．生态学报，2014, 34: 1002-1009

[2] 安宝晟，姚檀栋，郭燕红，等．拉萨河流域典型区域保护、修复、治理技术示范体系．科学通报，2021, 66(22): 2775-2784

[3] 陈德亮，徐柏青，姚檀栋，等．青藏高原环境变化科学评估：过去、现在与未来．科学通报，2015,60: 3025-3035

[4] 陈刚，超能芳，于男．2020 年珠峰高程测量基准．地理空间信息，2020, 18(9): 1-6

[5] 丁林，李震宇，宋培平．青藏高原的核心来自南半球冈瓦纳大陆．中国科学院院刊，2017, 9: 945-950

[6] 丁林，Maksatbek, S., 蔡福龙，王厚起，宋培平，纪伟强，许强，张利云，Muhammad, Q., Upendra, B.. 印度与欧亚大陆初始碰撞时限、封闭方式和过程．中国科学：地球科学，2017, 47: 293-309

[7] 国家体委体育文史工作委员会，中国登山协会．中国登山运动史．武汉：武汉出版社，1993

[8] 国家体育总局．登山健身指南．北京：人民教育出版社，2013

[9] 国家体育总局职业技能鉴定指导中心．高山探险．北京：高等教育出版社，2012

[10] 胡一鸣，姚志军，黄志文等．西藏珠穆朗玛峰国家级自然保护区哺乳动物区系及其垂直变化．兽类学报，2014, 34(1): 28-37

[11] 康世昌，张强弓，张玉兰．珠穆朗玛峰地区气候环境变化评估．北京：气象出版社，2018

[12] 李渤生．珠穆朗玛峰自然保护区的初步评价．自然资源学报，1993(2): 97-104

[13] 刘东生．青藏高原科学考察五十年的启示．资源科学，2000, 22(3): 1-5

[14] 刘南威．自然地理学．北京：科学出版社，2020

[15] 马耀明．中国科学院珠穆朗玛峰大气与环境综合观测研究站：一个新的研究喜马拉雅山区地气相互作用过程的综合基地．高原气象，2007, 26(6): 411-414

[16] 窦学寒，李舒平．高原天路健康行．上海：上海科学技术出版社，2006

[17] 世界地图集．北京：中国地图出版社，2004

[18] 石中瑗，宁学寒，朱受成，等．从海拔 50 米登上珠穆朗玛峰的心电图分析．中国科学．1980: 180-186

[19] 王成善，夏代祥，周祥，等．雅鲁藏布江缝合带—喜马拉雅山地质．北京：地质出版社，1999

[20] 王斌，彭波涌，李晶晶，等．西藏珠穆朗玛峰国家级自然保护区鸟类群落结构与多样性．生态学报，2013, 33(10): 3056-3064

[21] 潘虎君．2013. 西藏珠穆朗玛峰国家级自然保护区两栖爬行动物多样性及垂直分布．硕士毕业论文．长沙：中南林业科技大学

走近地球之巅

[22] 秦大河，丁永建．冰冻圈变化及其影响研究—现状、趋势及关键问题．气候变化研究进展，2009，5(4)：187-195

[23] 施雅风．2050 年前气候变暖冰川萎缩对水资源影响情景预估．冰川冻土，2001，23(4)：333-341

[24] 孙鸿烈．青藏高原科学考察研究的回顾与展望．资源科学，2000，22(3)：6-8

[25] 吴征镒，孙航，周浙昆，等．中国植物区系中的特有性及其起源和分化．云南植物研究，2005，27(6)：577-604

[26] 席会东．中国古代地图文化史．北京：中国地图出版社，2013

[27] 徐红．珠峰高程测量：需要一个长期的科学探索过程．2020，12：16-21

[28] 徐永清．珠峰简史．北京：商务印书馆，2016

[29] 叶笃正，张捷迁．青藏高原加热作用对夏季东亚大气环流影响的初步模拟实验．中国科学，1974，3：301-320

[30] 姚檀栋，邬光剑，徐柏青，等．"亚洲水塔"变化与影响．中国科学院院刊，2019，34(11)：1203-1209

[31] 姚檀栋，余武生，邬光剑，等．青藏高原及周边地区近期冰川状态失常与灾变风险．科学通报，2019，64(27)：2770-2782

[32] 赵亚辉，徐永清，张江齐．珠穆朗玛峰到底有多高．北京：测绘出版社，2005

[33] 郑度，姚檀栋．青藏高原隆升与环境效应．北京：科学出版社，2004

[34] 郑度．中国自然地理总论．北京：科学出版社有限责任公司，2021

[35] 郑度．眺望地球之巅—走近喜马拉雅．北京：学苑出版社，2005

[36] 《中国测绘史》编辑委员会．中国测绘史．北京：测绘出版社，2000

[37] 中国测绘宣传中心．再测珠峰．北京：中国地图出版社，2005

[38] 中国地图集．北京：中国地图出版社，2004

[39] 中国登山协会．登山户外安全手册．北京：人民教育出版社，2014

[40] 中国分省系列地图册 · 西藏．北京：中国地图出版社，2016

[41] 中国科学院西藏科学考察队．珠穆朗玛峰地区科学考察报告(1966-1968)第四纪地质．北京：科学出版社，1975

[42] 中国科学院西藏科学考察队．珠穆朗玛峰地区科学考察报告(1966-1968)自然地理．北京：科学出版社，1975

[43] 中国科学院西藏科学考察队．珠穆朗玛峰地区科学考察图片集．北京：科学出版社，1974

[44] 中国珠穆朗玛峰登山队科学考察队．珠穆朗玛峰地区科学考察报告．北京：科学出版社，1962

[45] 中华人民共和国民政部．中华人民共和国行政区划简册．北京：中国地图出版社，2020

[46] Bishop, C.M., Spivey, R.J., Hawkes, L.A., et al. 2015. The roller coaster flight strategy of bar-headed geese conserves energy during Himalayan migrations. Science, 347: 250-254

[47] Hawkes, L.A., Balachandran, S., Batbayar, N., et al. 2011. The trans-Himalayan flights of bar-headed geese (Anser indicus). Proceedings of the National Academy of Sciences of the United States of America, 108: 9516-9519

[48] Gao, J., Yao, T.D., Masson-Delmotte, V., et al. 2019. Collapsing glaciers threaten Asia's water supplies. Nature, 565: 19-21

[49] Li, G.W., Kohn, B., Sandiford M., et al. 2017. India-Asia convergence: Insights from burial and exhumation of the Xigaze fore-arc basin, south Tibet. Journal of Geophysical Research: Solid Earth, 122: 3430-3449

[50] Prestel, I., Wirth, V. 2016. What Flow Conditions are Conducive to Banner Cloud Formation. Journal of the Atmospheric Sciences, 73: 2385-2402

[51] Voigt, M., Wirth, V. 2013. Mechanisms of Banner Cloud Formation. Journal of the Atmospheric Sciences, 70: 3631-3640

[52] Wang, C.S., Li, X.H., Liu, Z.F., et al. 2012. Revision of the Cretaceous-Paleogene stratigraphic framework, facies architecture and provenance of the Xigaze forearc basin along the Yarlung Zangbo suture zone. Gondwana Research, 22: 415-433

[53] Yao, T.D., Wu, F.Y., Ding, L., et al. 2015. Multispherical interactions and their effects on the Tibetan Plateau's earth system: a review of the recent researches. National Science Review, 2: 468-488

[54] Yao, T.D., Thompson, L., Yang, W., et al. 2012. Different glacier status with atmospheric circulations inTibetan Plateau and surroundings. Nature Climate Change, 2: 663-667

[55] Yao, T.D., Xue, Y.K., Chen, D.L., et al. 2019. Recent Third Pole's rapid warming accompanies cryospheric melt and water cycle intensification and interactions between monsoon and environment: multidisciplinary approach with observations, modeling, and analysis. Bulletin of the American Meteorological Society, 100: 423-444

[56] Chen, F.H., Welker, F., Shen, C.C., et al. 2019. A late Middle Pleistocene Denisovan mandible from the Tibetan Plateau. Nature, 569: 409-412

[57] Zhang, D.J., Xia, H., Chen, F.H., et al. 2020. Denisovan DNA in Late Pleistocene sediments from Baishiya Karst Cave on the Tibetan Plateau. Science, 370: 584-587

[58] Zhang, X.L., Ha, B.B., Wang, S.J., et al. 2018. The earliest human occupation of the high-altitude Tibetan Plateau 40 thousand to 30 thousand years ago. Science, 362: 1049-1051

走
近
地
球
之
巅